**Bibliografische Information der Deutschen Nationalbibliothek:**

Die Deutsche Bibliothek verzeichnet diese Publikation in der Deutschen Nationalbibliografie; detaillierte bibliografische Daten sind im Internet über http://dnb.d-nb.de/ abrufbar.



**Impressum:**


Druck und Bindung: Books on Demand GmbH, Norderstedt Germany
ISBN: 9783640681587

**Dieses Buch bei GRIN:**

http://www.grin.com/de/e-book/154767/methoden-und-maschinentechnik-fuer-die-qualitaetssicherung-von-mikroteilen

Christoph Holzapfel

# Methoden und Maschinentechnik für die Qualitätssicherung von Mikroteilen

GRIN Verlag

wbk
Institut für Produktionstechnik

# Seminararbeit

Dipl.-Wirtsch.-Ing. Christoph Holzapfel

## Methoden und Maschinentechnik für die Qualitätssicherung von Mikroteilen

wbk
Institut für Produktionstechnik
Karlsruher Institut für Technologie (KIT)

## Kurzfassung

Die Mikrosystemtechnik kann als eine Basistechnologie bezeichnet werden, auf der eine Vielzahl von Innovationen in den unterschiedlichsten Branchen beruhen. Ihr wird zudem ein großes Wachstumspotential in absehbarer Zukunft zugerechnet, das neue Chancen zur strategischen Ausrichtung vieler, insbesondere kleiner Unternehmen bietet. Diesem Marktpotential stehen zurzeit noch Umsetzungs- und Effizienzprobleme in der Produktion entgegen, die es zu lösen gilt. Grundursache hierfür sind vor allem die zahlreichen Herausforderungen im Umgang mit winzigen Mikrokomponenten, wie z.B. störende adhäsive Kräfte, die eine Montage erschweren. Als ein wesentlicher Schwachpunkt in den Forschungstätigkeiten im Bezug auf die Produktivität kann heute ein unzureichender Fokus auf eine moderne Qualitätssicherung beklagt werden. Anders als in der Makro-Welt gestalten sich insbesondere die Mess- und Prüfprozesse als problematisch, da der Messunsicherheit aufgrund der kleinen Ausmaße der Bauteile eine größere Bedeutung zukommt. Um dennoch aussagekräftige Bewertungen von Mikrokomponenten machen zu können, gilt es diese Messunsicherheit durch eine Vielzahl von Maßnahmen zu minimieren. Für die Durchsetzung einer produktionsbegleitenden und vollautomatisierten Qualitätssicherung, bedarf es also Messtechnologien und Automatisierungstechnik, die diesen Herausforderungen z.B. durch Bereitstellung entsprechender Messauflösungen, gewachsen sind. Diese Arbeit soll daher einen aktuellen Überblick über heute verfügbare und erforschte Messtechnologien, wie beispielsweise der Rasterelektronenmikroskopie, geben. Daneben werden Handhabungstechniken zur Automatisierung von Prüfprozessen für Mikrokomponenten aufgezeigt. Diese Verfahren und Techniken sollen schließlich anhand von gegebener Anforderungen hinsichtlich deren Fähigkeit schemenhaft eingeschätzt werden.

## Abstract

Microsystems technology can be seen as a fundamental technology from which a multitude of innovations in various branches are deducted. Furthermore, a high growth potential of microsystems is estimated in near future, which opens up new strategic opportunities for an array of small companies in particular. Opposing this market potential are implementation and efficiency issues especially in the production of microsystems that have to be solved initially. Primary cause for these issues is the vast amount of challenges associated with the handling of these tiny micro components, such as the adhesive nature which complicates an automated assembly. As one of the main weaknesses in the ongoing research concerning productivity, the lack of focus on a development of modern and adequate quality assurance has to be criticised. Other than in the macroscopic world, measurement and testing procedures are particularly problematic as the measurement uncertainty increases in importance due to the small dimensions of objects. In order to yet achieve meaningful assessments of micro components, measurement uncertainty has to be minimized by means of a variety of measures. For the implementation of a production accompanying and fully automated quality assurance on a broad scale, measurement and automation technologies have to match described challenges, by, for example, delivering required measurement resolutions. Therefore, this paper will give an overview of already available and developed measurement techniques, such as the scanning electron microscopy for instance, and handling techniques for the automation of quality assurance procedures for micro components. Additionally, the capability of these various procedures and techniques will be assessed by the use of given requirements.

# Inhaltsverzeichnis

**Abkürzungen** 1

**1 Einleitung** 2

1.1 Motivation 2

1.2 Zielsetzung 2

1.3 Aufbau der Arbeit 3

**2 Mikrosystemtechnik** 4

2.1 Einführung 4

2.2 Bedeutung der Mikrosystemtechnik 4

2.3 Einsatzbereiche und Marktpotential 5

2.4 Herausforderungen in der Mikrosystemtechnik 7

2.4.1 Technische Herausforderungen 7

2.4.2 Wirtschaftliche Herausforderungen 8

**3 Qualitätssicherung von Mikrobauteilen** 9

3.1 Ermittlung von Anforderungen in der Mikro-Messtechnik 9

3.1.1 Bedeutung der Messtechnik 9

3.1.2 Übertragung der Normenanforderungen für Mikrobauteile 9

3.1.3 Implizite Anforderungen beim prüftechnischen Umgang mit Mikrokomponenten 11

3.2 Geeignete Mikro-Messverfahren zur Qualitätssicherung 14

3.2.1 Konfokale Mikroskopie 15

3.2.2 Weißlichtinterferometrische Mikroskopie (WLI) 16

3.2.3 Digitale Holographische Mikroskopie (DHM) 17

3.2.4 Optisches Rasternahfeldmikroskop (SNOM) 17

3.2.5 Fiberskop 18

3.2.6 (Mikro-) Streifenprojektion 18

3.2.7 Rastersondenmikroskopie (SPM) 19

3.2.8 Rasterelektronen-Mikroskopie (REM) 20

3.2.9 Mikro-Koordinatenmessgeräte (MCMM) 21

3.3 Umsetzbarkeitsbetrachtung 22

**4 Automatisierungstechnik für die Qualitätssicherung von Mikrobauteilen** 25

4.1 Anforderungen an die automatisierte Qualitätssicherung 25

4.2 Automatisierungstechnik in der Mikro-Qualitätssicherung 25

4.2.1 Großraum-Positioniereinheiten 26

4.2.2 Mikro-Manipulatoren 27

4.2.3 Mikro-Greifer 27

4.2.4 Transportsysteme 29
4.2.5 Komponenten zur Prozessüberwachung 29
4.3 Umsetzbarkeitsbetrachtung 30
**5 Zusammenfassung und Ausblick 32**
5.1 Zusammenfassung 32
5.2 Ausblick 33
**Abbildungsverzeichnis I**
**Literaturverzeichnis II**
**Anhang VIII**

# Abkürzungen

| Abkürzung | Bedeutung |
|---|---|
| 3D / 2D | Dreidimensional / Zweidimensional |
| Abb. | Abbildung |
| ABS | Antiblockiersystem |
| AFM | Atomic force microscopy |
| BMWi | Bundesministerium für Wirtschaft und Technologie |
| bzw. | Beziehungsweise |
| ca. | Circa (ungefähr) |
| CCD | Charge-coupled Device |
| CLSM | Konfokale Laser-Scanning Mikroskope |
| d.h. | Das heißt |
| DFG | Deutsche Forschungsgemeinschaft |
| DIN | Deutsche Industrie Norm |
| EN | Europäische Norm |
| engl. | Englisch |
| ESP | Elektronisches Stabilitätsprogramm |
| etc. | Et cetera (und so weiter) |
| ggf. | Gegebenenfalls |
| GMA | Gesellschaft für Mess- und Automatisierung |
| ISO | Internationale Organisation für Normung |
| IT | Informationstechnologie |
| Kfz. | Kraftfahrzeug |
| KMU | Kleine und mittlere Unternehmen |
| LCD | Liquid Crystal Display |
| MCMM | Mikro-Koordinatenmessmaschine |
| MEMS | Micro Electro Mechanical Systems |
| Mrd. | Milliarde |
| MST | Mikrosystemtechnik |
| o.ä. | Oder ähnlichem |
| PTB | Physikalisch-Technische Bundesanstalt |
| REM / SEM | Rasterelektronenmikroskopie / Scanning electron microscopy |
| SNOM | Scanning nearfield optical microscopy |
| sog. | Sogenannte |
| SPC | Statistische Prozesskontrolle |
| SPM | Scanning probe microscopy |
| STM | scanning tunnelling microscopy |
| u.a. | Unter anderem |
| VDI | Verein Deutscher Ingenieure |
| z.B. | Zum Beispiel |

# 1 Einleitung

## 1.1 Motivation

Als einer der zukunftsträchtigen technologiebasierten Trends wird u.a. insbesondere die Miniaturisierung gezählt, welche im Rahmen dieser Arbeit in das Handlungsfeld der Mikrosystemtechnik gezählt werden soll. Dabei kommt der Mikrosystemtechnik eine besondere Bedeutung zu, welche durch die Tatsache gegeben ist, dass sie das Potential zur Beeinflussung vieler sogenannter Megatrends hat. Aufgrund der anhaltenden Miniaturisierung von Systemen und deren Komponenten, wird dabei die Mikrosystemtechnik eine zentrale Rolle für zukünftiges unternehmerisches Handeln einnehmen. Die erhöhte Bedeutung der Mikrosystemtechnik wird weiterhin unterstrichen durch Überschneidungen mit anderen Zukunftstrends. So wird die Miniaturisierung im Bereich der Medizintechnik bereits zum aktuellen Zeitpunkt angewandt, aber auch im Bereich der Robotik wird eine Verkleinerung der Komponenten vorangetrieben. Diese durch die Trendforschung ermittelten Scenarios für die Zukunft im Zusammenhang mit der Mikrosystemtechnik stellen Forschungseinrichtungen und Unternehmen gleichermaßen vor besondere Herausforderungen.

Der Produktionsprozess kann dabei als der zentrale Problemschwerpunkt gesehen werden. Zum erreichen stabiler Produktionsprozesse, die sowohl fähig als auch vorhersagbar sind, wird eine effektive Qualitätssicherung benötigt, die durch geeignete Messverfahren die nötigen Qualitätsmerkmale ermitteln kann und somit letztendlich die Anforderungen der Kunden erfüllt [Buc-08]. Heutzutage wird hauptsächlich noch auf manuelle und damit prozessunsichere Tätigkeiten bei der Prüfung von Bauteilen gesetzt [Pfe-04] und anstelle einer modernen Qualitätssicherung auf eine Funktionsprüfung des vollständig montierten Systems zurückgegriffen. Im letzeren Fall ist dies besonders kostspielig, da das Produkt im Endzustand bereits einen hohen Wert hat und eine mögliche Fehlersuche bei vermehrten Defektteilen sich als sehr schwierig darstellt. Daher ist die Qualitätssicherung durch eine dimensionelle Messtechnik, die die nötigen Messunsicherheiten aufweist, als eine Voraussetzung zu sehen, um den gesamten Produktionsprozess effizienter zu gestalten. Hinzu kommt, dass die Zuverlässigkeit von Mikrosystemen in Zukunft eine größere Rolle spielen wird [Ger-06]. Eng verbunden mit der Qualitätssicherung ist die Automatisierung, da durch das Ausschalten menschlicher Ungenauigkeit eine deutlich höhere Outputrate mit entsprechend höherer Qualität möglich wird [Suz-03]. Mit Hilfe eines erhöhten Maßes an Qualitätssicherung und Automatisierung können die zurzeit enorm hohen Kosten in der Produktion, welche 80 – 95% der Gesamtkosten ausmachen [Pfe-04; Hue-04], deutlich gesenkt werden. Diese Möglichkeiten zur Anpassung der Qualitätssicherung an in der Makro-Welt übliche Standards soll daher Thema dieser Arbeit sein.

## 1.2 Zielsetzung

Basierend auf einer Literaturrecherche sollen in dieser Arbeit primär die aktuellen technologischen Themenschwerpunkte im Bereich der Qualitätssicherung von Mikrobauteilen überblickhaft vorgestellt werden. Die Literaturrecherche verzweigt sich zunächst in eine Normenrecherche und eine Literaturrecherche in Journals und Fachzeitschriften. Als ein Teilziel soll der Versuch unternommen werden, allgemeine Anforderungen bezüglich der Qualitätssicherung in der Produktion abzuleiten. Die so erhaltenen Anforderungen sollen als Rahmen für eine Analyse der Umsetzbarkeit dieser Anforderungen durch aktuelle Messtechnik dienen. Anhand des Überblicks zu den Mikromesstechniken in der Qualitätssicherung von Mikrobauteilen und den wichtigsten aus den Anforderungen herauskristallisierten Kriterien soll dann eine kurze, teils qualitative, teils quantitative Umsetzungsbetrachtung vorgenommen werden. Zuletzt sollen die Anforderungen einer automatisierten Qualitätssicherung im Bereich der Mikrosystemtechnik vorgestellt werden und die für eine Automatisierung notwenigen Handlingstechnologien sowie deren Umsetzbarkeit diskutiert werden. Bei dem jeweils erhaltenen Überblick kann es sich im Rahmen dieser Arbeit nur um eine Grobdarstellung handeln. Für eine detailliertere Darstellung sei auf die angegebene Literatur verwiesen.

## 1.3 Aufbau der Arbeit

Nach der Einleitung in Kapitel 1 wird zunächst in Kapitel 2.1 eine Einführung in die Thematik der Mikrosystemtechnik gegeben, um in den nachfolgenden Kapiteln 2.2 und 2.3 die Bedeutung und die Anwendungsfelder zu skizzieren. Kapitel 2 wird abgeschlossen durch einen Fokus auf die speziellen Herausforderungen in der Mikrosystemtechnik, welche die Ausgangssituation dieser Arbeit darstellen sollen. In Kapitel 3 wird nach einer kurzen Eingliederung der Qualitätssicherung und der Messtechnik die Rolle der Normen in Kapitel 3.1 kurz geschildert und nach erfolgter Normenrecherche allgemeine Anforderungen an eine Qualitätssicherung abgeleitet. Verfeinert wird diese durch Anforderungen aus einschlägiger Literatur der Mikrosystemtechnik. Bevor in Kapitel 3.3 Aussagen zu der Umsetzbarkeit dieser Anforderungen anhand von Kriterien gemacht werden können, werden in Kapitel 3.2 Messtechniken für die Qualitätssicherung von Mikrobauteilen vorgestellt. Ähnlich werden in Kapitel 4.1 die Anforderungen an eine automatisierte Qualitätssicherung beschrieben und diese anhand der in Kapitel 4.2 vorgestellten aktuellen Automatisierungstechnologien in Kapitel 4.3 hinsichtlich Umsetzbarkeit bewertet. Die Arbeit schließt mit Kapitel 5 ab, in dem eine kurze Zusammenfassung und ein Ausblick gegeben werden.

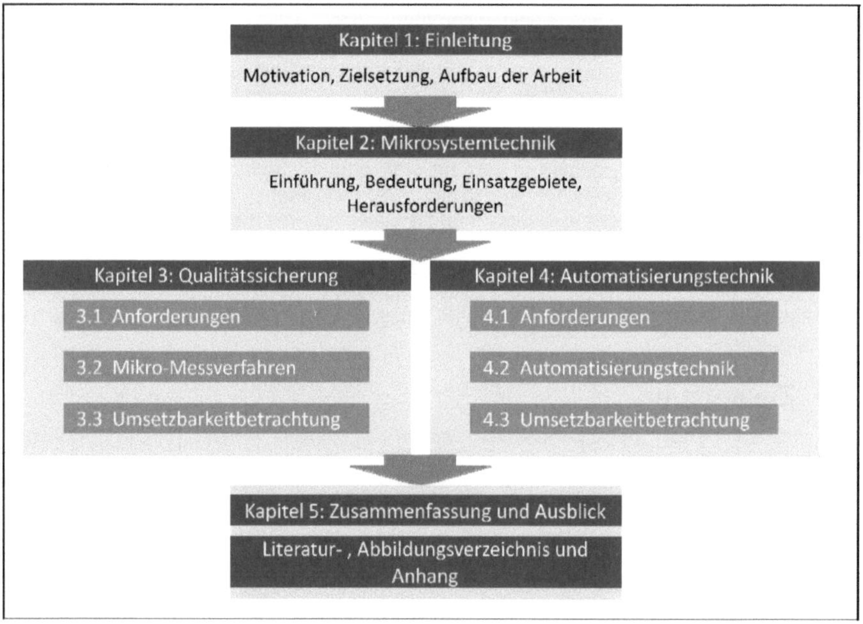


Abbildung 1.1 : Aufbau der Arbeit

# 2 Mikrosystemtechnik

## 2.1 Einführung

Die Mikrosystemtechnik (MST) betrachtet die Integration miniaturisierter elektrischer, mechanischer, optischer, thermischer oder fluidischer Funktionen von Komponenten in einem Gesamtsystem [Sch-09]. Bezüglich der für spätere Ausführungen relevanten Begriffe des Mikrosystems sowie der Mikrokomponente können vereinzelt abweichende Definitionen in der Literatur gefunden werden [Hil-06]. Die allgemeine Definition beschreibt ein Mikrosystem als System, bei dem so viele Funktionen wie möglich auf einem sehr kleinen Raum gehalten werden, sowie die Bedingung, dass mindestens eine der Komponenten mikromechanisch gefertigt wurde [Ser-97]. [Ger-06 S.16] definiert den Begriff wie folgt: *„Die Mikrosystemtechnik umfasst den Entwurf, die Fertigung und die Applikation von miniaturisierten technischen Systemen, deren Elemente und Komponenten typische Strukturgrößen im Mikrometer- und Nanometerbereich besitzen.“* Historisch gesehen kristallisierte sich die MST aus der Mikroelektronik heraus, indem das Arbeitsfeld der Mikromechanik in die Betrachtungen mit aufgenommen wurde [Ger-06]. Im englischsprachigen Raum hat sich daher der Begriff der *MicroElectroMechanical Systems* (MEMS) eingebürgert. Ein Mikrosystem besteht weiterhin im Allgemeinen aus miniaturisierten Sensoren, Aktuatoren und signalverarbeitende Einheiten, welche ihre Systemfunktion erst im Zusammenspiel bewirken können [Ser-97].

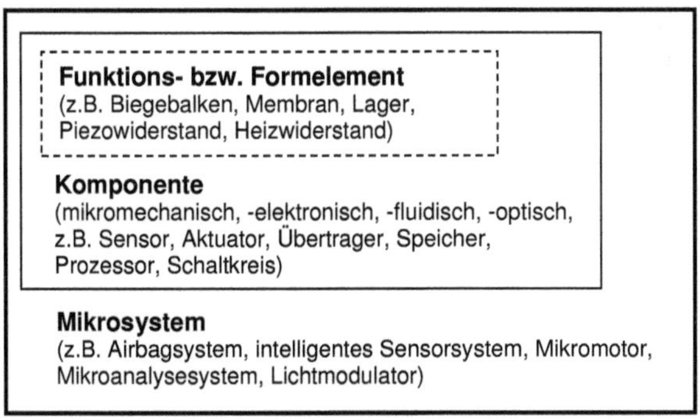


Abbildung 2.1 : Begriffshierarchie zur Mikrosystemtechnik [Ger-06, S.18]

Für diese Arbeit von ebenso hoher Bedeutung ist der Begriff der Mikrokomponente. [Sch-10b] definieren eine Mikrokomponente als eine Komponente, bei der mindestens eine Dimension im Mikrometerbereich liegt und sonstige zwischen 1 µm bis 1000 µm [Hil-06]. Zum besseren Verständnis zeigt Abbildung 2.1 die entsprechende Begriffshierarchie. Weiterhin kann eine Untergliederung in hybridische und monolithische Mikrosysteme unternommen werden, die sich auf die grundsätzliche Art der Integration von Komponenten bezieht [Hil-06]. Monolithische Systeme werden in abhängigen Schritten auf wenig unterschiedlichen Fertigungsprozessen beruhend hergestellt. Hybride Mikrosysteme vereinen mehrere Komponenten in einem und sind daher durch mehr Schnittstellen zur Umwelt, einer eher dreidimensionalen Form und einer komplexeren Montage der Einzelkomponenten gekennzeichnet [Mes-04; Hil-06].

## 2.2 Bedeutung der Mikrosystemtechnik

Seit Anfang der 90er Jahre ist die Miniaturisierung von Produkten und mit ihr die MST ein ständig präsenter Begleiter des technologischen Wandels und ist laut Experten eine wichtige

Entwicklungstendenz der vergangenen Jahre [KIT-00]. Als Vorteile der MST-Produkte werden zum einen der kleine Platzbedarf und das verringerte Gewicht [Sch-09] und die damit einhergehende größere Funktionsdichte genannt, zum anderen die Möglichkeit der schnellen und sicheren Leistungsübertragung [KIT-00]. Kleinere Systeme können darüber hinaus schneller beschleunigt, sowie präziser ausgerichtet werden und besitzen eine sehr geringe Eigenfrequenz [Hue-04]. Bereits am Ende dieses Jahrzehnts konnte eine hohe Beeinflussung der MST auf Innovationen unterschiedlichster Art in zahlreichen Bereichen festgestellt werden [Ser-97]. Die MST ist also nicht auf einzelne Industriebereiche beschränkt, sondern aufgrund ihrer Querschnittfunktion universell und vielseitig einsetzbar [Hei-04; Bot-03]. Eine solch breite Technologiebasis eröffnet gleich einer Vielzahl von innovativen Industriebereichen mögliche zukünftige Absatzchancen, wie z.B. in den Bereichen Gesundheit, Automobil und Energie [Mül-04]. Damit ist die MST ihrem Charakter her eine Schlüsseltechnologie, da sie als Wegbereiter für innovative Produkte gesehen werden kann [BMWi-10; Bot-03]. Sie eignet sich aufgrund der geschilderten Eigenschaften Volkswirtschaften langfristig zu stärken, wobei insbesondere der Standort Deutschland, dessen Unternehmenslandschaft vor allem durch mittelständische Unternehmen geprägt ist, von der MST profitieren kann. Die MST eröffnet gerade für KMU die Möglichkeit durch Nischenstrategien sich erfolgreich am Markt zu behaupten. Bereits heute hängen ca. 766.000 Arbeitsplätze in Deutschland mit der MST zusammen [BMWi-10; Hei-04]. Weltweit ergibt sich ein Umsatz mit Produkten, die mikrosystemtechnische Komponenten verwenden, von über 227 Mrd. Euro, der direkte Anteil von Mikrosystembauteilen beträgt ca. $25 Mrd. [Nex-06] und die Wachstumsrate des Marktes steigt mit prognostizierten 15% - 20% pro Jahr [BMWi-10; Mül-04]. Trotz dieser Tatsachen konnte die MST ihr Potential bisher nicht vollständig ausspielen und den breiten Durchbruch nicht schaffen. Um die Voraussetzungen für eine schnellere Diffusion zu kreieren, müssen einige Hindernisse bezüglich der Profitabilität überwunden und Entwicklungstätigkeiten intensiviert werden. Infolgedessen werden Forschungen von verschiedenen Einrichtungen wie der DFG und des BMWi gefördert, um teure Grundlagenforschungen und anwendungsbezogene Forschungen in diesem Gebiet voranzutreiben und einen technologischen Vorsprung Deutschlands zu erlangen. Im Fokus liegen dabei insbesondere KMU, da diese sich an die Rahmenbedingungen durch Innovationen leichter anpassen können und müssen [BMWi-10; Bot-03]. Da Mikrosysteme im Sinne der Integration verschiedener Komponenten nicht nur auf dem Gebiet der Mikrotechnik beruhen, sondern auch auf der bereits etablierten Mikroelektronik, ergeben sich für Deutschland zusätzliche Chancen zum Aufholen entwicklungstechnischer Tätigkeiten in der Mikroelektronik und zur Eroberung von Marktanteilen in dieser Branche [KIT-00]. Dies ergibt sich daraus, dass Mikrosysteme aus unterschiedlichen Funktionsgruppen zusammengebaut werden und Unternehmen daher ein Interesse haben, Kompetenzen in möglichst allen Funktionsbereichen und in der Integration dieser aufzubauen. Es ist weiterhin darauf hinzuweisen, dass die MST bei vielen zukünftigen Anwendungen als Voraussetzung für die erfolgreiche Schnittstellenübertragung von der Nano- zur Makro-Welt ist [BMWi-10]. Dies ist sowohl für die Aspekte der Informationsübertragung während der Anwendung, als auch bei der Herstellung und Auswertung von Anwendungen im Nanobereich der Fall. Die zukünftige Bedeutung der MST wird darüber hinaus durch Expertenbefragungen und Marktstudien zusätzlich hervorgehoben [Mes-04; Bott-03]. Führend bei der MST sind Länder wie die USA, Japan, Deutschland und die Schweiz [Ser-97].

## 2.3 Einsatzbereiche und Marktpotential

Durch eine Miniaturisierung können praktisch alle technischen Bereiche eine Leistungssteigerung erfahren. Die Bedeutung der MST wird daher ein weiteres Mal durch die vielfältigen Anwendungsfelder unterstrichen. Ausgehend von den Entwicklungen in der Computertechnologie und beruhend auf den dort angewandten Fertigungsverfahren wurde die Miniaturisierung auf Sensoren und Aktuatoren angewandt, die heute vielseitige Verwendung finden. Ein wesentlicher Anteil heutiger mikrosystemtechnischer Produkte findet sich in der Medizintechnik. Beispielsweise ermöglichen Mikro-Endoskope sowohl minimalinvasive operative Eingriffe als auch Diagnosen und verkürzen damit die Genesungszeit der Patienten, die Narbenbildung und führen zu kürzeren Krankenhausaufenthalten [Ser-97]. Darüber hinaus können heute durch implantierte Dosierungsapparate Medikamente direkt verabreicht werden [Hsu-04] oder mit Mikrokathetern eine kontinuierliche Blutdruckmessung vorgenommen werden [Ger-06]. Die ansteigenden Sicherheitsbedingungen in der Automobilindustrie konnten der MST in dem Bereich der Sensorik zu einem großen Absatzmarkt verhelfen [Bot-03]. Moderne Fahrerassistenzsysteme als präventive Sicherheitsmaßnahmen, wie das ABS oder ESP, benötigen eine Vielzahl von Sensoren zur Messung unterschiedlicher Parameter, wie die Quer- und Längsbeschleunigung, Gierwinkel und –geschwindigkeit, Lenkradwinkel und Drehzahl. Aber auch passive Schutzmaßnahmen wie durch Crashsensoren ausgelöste Gurtstraffungssysteme und Airbags, sind aus einem modernen Fahrzeug nicht mehr wegzudenken. Weiterhin werden in der Umwelt- und Biotechnik zur Untersuchung chemischer oder biologischer Substanzen Mikroanalysesysteme verwendet, welche in Echtzeit kontinuierlich Messdaten liefern können [Ger-06]. Hiermit ist es möglich, eventuelle Gefahren für die Umwelt rechtzeitig zu entdecken und Schäden an Mensch und Umwelt zu verhindern. In der Informations- und Kommunikationstechnologie finden Mikrosystemkomponenten bereits in Mobiltelefonen, CD/DVD/Blu-ray Laufwerken und in Schreib-/Leseköpfe für Magnetplatten verbreiteten Einsatz [Bot-03]. Weitere bekannte Einsatzgebiete sind typischerweise Scanner, Druckköpfe und Hörimplantate.

In Abbildung 2.2 zeigt sich eindeutig die dominierende Rolle der Informationstechnologie. Verantwortlich für diese Entwicklung ist vor allem die gestiegene Nachfrage an LCD Fernsehern und Festplatten. Aber auch die Automobil-, Elektronik- und Medizintechniksektoren machen einen Großteil der Anwendungsfelder aus. Durch den in Abbildung 2.2 zu erkennenden Trend ist ein verstärkter Fokus auf Verbraucherelektronik auch in der Zukunft zu erwarten. Daneben werden verstärkt kleinere Nischengebiete geringe Marktanteile gewinnen können, die erst im Zeitverlauf sich zu möglichen Massenmärkten entwickeln können [Hei-04]. Zusammenfassend lässt sich besonders aufgrund der aufgezeigten unterschiedlichen Anwendungen in verschiedenen Branchen das übergreifende Marktpotential verdeutlichen [Hei-04]

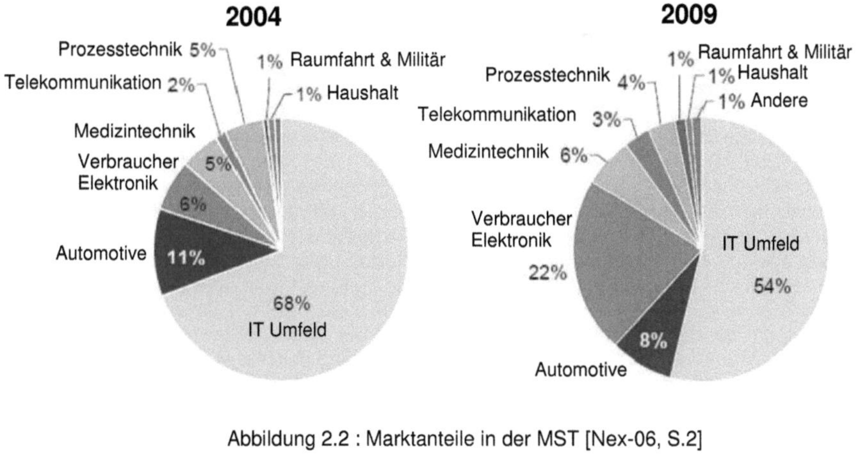


Abbildung 2.2 : Marktanteile in der MST [Nex-06, S.2]

## 2.4 Herausforderungen in der Mikrosystemtechnik

Ein nach wie vor bestehendes Problem, das einem Durchbruch der MST entgegensteht, ist die mangelnde Übertragung der Forschungsergebnisse in praktische Anwendungen [Ser-97]. Die grundlegenden Fertigungsprozesse zur Erstellung von Mikrokomponenten sind zum heutigen Zeitpunkt weitgehend bekannt und erforscht, eine Kompetenzaneignung der Technologien durch Unternehmen findet jedoch nur unzureichend statt. Für diese Situation sind eine Reihe technischer und wirtschaftlicher Herausforderungen ursächlich.

### 2.4.1 Technische Herausforderungen

Ausgehend von den in der Mikroelektronik eingesetzten Fertigungsverfahren zur Herstellung monolithisch aufgebauter Komponenten, gewinnt die Herstellung von hybriden Mikrosystemen aufgrund der zunehmenden Miniaturisierung an Bedeutung. Dies wirft zahlreiche Probleme vor allem in fertigungs- und montagetechnischer Hinsicht auf. Daneben sind die Fertigungsverfahren in der Mikroelektronik größtenteils auf zweidimensionale Komponenten beschränkt, für dreidimensionale, hybride Systeme werden also zum Teil neuartige Verfahren benötigt. Zu diesen Themen wurden in den vergangenen Jahren vermehrt Forschungen und Entwicklungen vorangetrieben, jedoch stehen die Produktionsprozesse stets vor der Herausforderung, ohne Erfahrungen der Abläufe auszukommen. Damit sich diese Verfahren in der industriellen Praxis verbreiten, müssen sie fortlaufend weiterentwickelt und adaptiert werden. Darüber hinaus besteht die Notwendigkeit einer effizienten und prozesssicheren Montage der Mikrokomponenten zum Erstellen des Gesamtsystems. Die Mikromontage kann nur durch eine Automatisierung prozesssicher und kostengünstig gestaltet werden, weshalb dies weitere zu lösende technische Probleme mit sich bringt, wie z.B. die Auswertung von Bildsignalen durch geeignete Bildverarbeitungssoftware [Buc-08; Bou-04]. Ein grundlegendes entwicklungstechnisches Problem besteht zudem in der Ausführung von zuverlässigen Kopplungen mit der Marko-Umwelt [Ger-06].

Voraussetzung für robuste Prozesse ist die Messbarkeit der Qualitätsmerkmale, um unnatürliche Variabilität in den Prozessen ausfindig zu machen und entsprechende Gegenmaßnahmen einzuleiten. Hier resultieren die meisten Herausforderungen innerhalb der Messtechnik aus den hohen Anforderungen selber [Buc-08; Gut-07]. Moderne Messtechniken und –methoden aus der Makro-Welt können nicht ohne Weiteres übernommen werden, da die Mikro-Welt anderen Gesetzmäßigkeiten folgt. In der Marko-Messtechnik größtenteils vernachlässigbare Einflussgrößen, wie Adhäsions- und Kapillarkräfte, Abrasion und tribochemische Reaktionen, müssen nun gezielt berücksichtigt werden [KIT-00]. Zudem erweist sich sowohl die dimensionale und geometrische Antastbarkeit von verschiedenen Messobjekten, als auch die Antastbarkeit bezogen auf verschiedenartige Oberflächenstrukturen- und Eigenschaften als schwierig [Buc-08]. Die Variabilität von unterschiedlichen Messobjekten erfordert zusätzlich eine ausreichende Flexibilität, um sich aktiv den Gegebenheiten anzupassen, aber auch um Messmaschinen im Zeitverlauf über mehrere Perioden hinweg für unterschiedliche Aufgaben umrüsten zu können. Die Flexibilität muss auch bezüglich der Dimensionen von Messobjekten gegeben sein, da Mikrokomponenten in einer Dimension unter 1 mm liegen können, in anderen jedoch wesentlich größer sein können [Buc-08]. Hinzu kommt, dass bei allen Prozessschritten besondere Behutsamkeit im Umgang mit den Mikrobauteilen gefragt ist, sei es bei der taktilen Messung oder bei der automatisierten Handhabung. Die Messunsicherheit stellt sich aufgrund hoher Toleranzanforderungen als Schlüsselherausforderung dar und fordert eine entsprechende Fähigkeit der Messtechniken und der Bediener.

### 2.4.2 Wirtschaftliche Herausforderungen

Bekanntermaßen konnte sich die MST auf ihrer Technologietrajektorie noch nicht derart entwickeln, wie es sich manche Branchenexperten wünschen würden. Die momentane Situation ist im Gegensatz zu der Elektrotechnik durch die noch recht magere industrielle Verbreitung gekennzeichnet, die weit unter dem zugewiesenen und anerkannten Potential bleibt. Für Unternehmen bedeuten die zahlreichen technischen Herausforderungen Hürden, die nicht ohne Weiteres überwunden werden können. Unternehmen, die sich dem Geschäftsfeld der MST annähern wollen, sehen sich einer relativ teuren Fertigung und hohen Energiekosten gegenübergestellt, weshalb die nötige Wirtschaftlichkeit oftmals nicht erlangt wird. Daraus wiederum folgt, dass solche Produkte nicht wettbewerbsfähig sind und etablierte alternative Produkte dominant bleiben. Diffusionshemmnisse sind vor allem durch das Fehlen von Normen und Standards und der hohen Komplexität und Unzugänglichkeit von Mikrosystemprodukten gekennzeichnet. Die noch in der Entwicklung steckende Produktionstechnologie kann ein solches Diffusionshemmnis sein [Hei.04]. Schwächen in der Produktionstechnologie können trotz guter Marktprognosen als grundsächlich für die Zurückhaltung von potentiellen Nutzern und Herstellung gesehen werden [Pfe-01]. Abbildung 2.3 zeigt, dass viele Anwendungsbereiche erhebliche bis hohe Diffusionshemmnisse überwinden müssen, um angesprochene Potentiale zu erschöpfen. Diese Aufgrund dieser Problematik dauert die zeitliche Marktdurchdringung länger, wie es Unternehmen recht ist. Es müssen daher die Forschungstätigkeiten kontinuierlich vorangetrieben werden und Produktionsprozesse besser integriert werden [Hei-04], damit sich Mikrosystemprodukte gegenüber konkurrierenden konventionellen Produkten behaupten können und für Kunden einen eindeutigen Vorteil im Sinne eines Alleinstellungsmerkmals bieten.

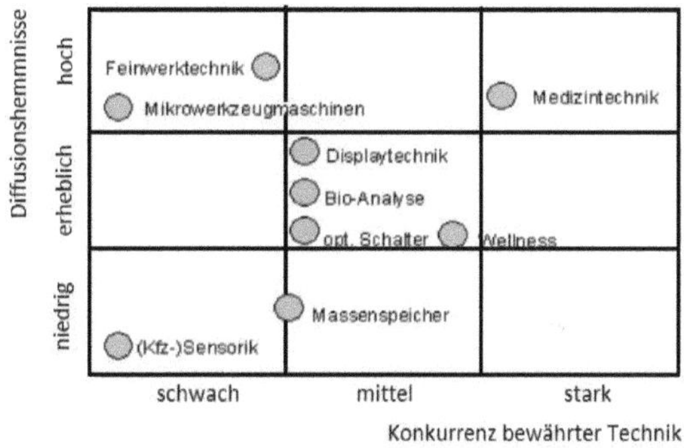


Abbildung 2.3 : Diffusionshemmnisse und bewährte Technologien [Bie-00, S.119]

Zusätzlich muss die Mikrofertigung besonderen Anforderungen genügen, was sich in enormen Investitionskosten in Produktionsanlagen und Peripherietechnik auswirkt. Aufgrund des Erfahrungsmangels ist die Lernkurve noch nicht weit vorangeschritten und mit ihr die Kostendegression. Diese anforderungsbedingten Investitionen sind besonders problematisch für mittelständische Unternehmen, welche oft nicht in der Lage sind, entsprechende Risiken zu tragen und im Hinblick auf kurzfristige Unternehmensgewinne anderen Themen Vorrang gewähren. Abhilfe in dieser Hinsicht können finanzielle Anreize oder ein Ressourcenpooling durch Kooperationen von Unternehmen bzw. Forschungseinrichtungen schaffen.

# 3 Qualitätssicherung von Mikrobauteilen

Die Qualitätssicherung soll nach [Masing] als Unterstützung für Qualitätsplanung und –lenkung bei der Fehlerminimierung dienen, indem durch sie sichergestellt wird, dass Qualitätsanforderungen erfüllt werden. [DIN 9000 S.21] definiert die Qualitätssicherung allgemein als *„Teil des Qualitätsmanagements, der auf das Erzeugen von Vertrauen darauf gerichtet ist, dass Qualitätsanforderungen erfüllt werden“*. Für diese Arbeit soll der Fokus der Qualitätssicherung auf der Produktion liegen und somit auf die Prozesskontrolle durch das Prüfen von Qualitätsmerkmalen durch Messtechnik. In der MST ist die Qualitätssicherung hauptsächlich in dem Montageprozess notwendig, um eine sichere Montage garantieren zu können [Sch-03]. Anhang A1 gibt darüber hinaus einen Überblick über relevante Einrichtungen, welche sich mit der Qualitätssicherung von Mikrobauteilen beschäftigen.

## 3.1 Ermittlung von Anforderungen in der Mikro-Messtechnik

### 3.1.1 Bedeutung der Messtechnik

Die Messtechnik stellt einen integralen Bestandteil für die Qualitätssicherung in der Produktion dar. Für eine effektive Qualitätssicherung sind valide, eindeutige und relevante Informationen über die Eigenschaften der Produktionsprozesse von größter Bedeutung. Nach [Masing] ist es nur mit Hilfe dieser Informationen überhaupt möglich, die Qualität zu beurteilen und eventuelle Gegenmaßnahmen zu ergreifen oder Verbesserungen anzustreben. Daher stellen Messtechnologien und Technologien in deren Nähe den Schwerpunkt aktueller Forschungen dar [Bia-10]. Weiterhin können durch diese Informationen Qualitätsregelkreise aufgebaut werden, die es ermöglichen, Prozesse zum Optimum hin zu steuern. Beispiel für einen solchen Regelkreis ist die statistische Prozessregelung (SPC), welche aufgrund von Messungen wichtiger Merkmale auf Basis von Stichproben im Zeitverlauf Aussagen zu dem Prozessverhalten machen kann und dadurch rechtzeitig in den Prozess eingreifen kann, um Ausschussteile zu minimieren. Zudem ist es möglich, Parameter des Herstellprozesses direkt zu beeinflussen, wenn eine Messung der gefertigten Komponenten nicht möglich ist. Da davon ausgegangen werden kann, dass Mikrosysteme in Zukunft eine häufigere Anwendung finden werden, muss die Qualitätssicherung darauf reagieren und vermehrt den Anforderungen entsprechen. Um die Erfüllung der Qualitätsanforderungen zu gewährleisten, ist es daher wichtig, die passenden Prüfmittel auszuwählen.

### 3.1.2 Übertragung der Normenanforderungen für Mikrobauteile

Es wurde in der Normen- und Richtliniendatenbank Perinorm und auf der Internetseite des Vereins Deutscher Ingenieure (VDI) nach Anforderungen an die Qualitätssicherung von Mikrobauteilen recherchiert. Es konnten hierbei keine offiziellen Anforderungen ermittelt werden, da dieser Themenbereich noch recht jung ist. Es ist dem Autor jedoch bekannt, dass Fachausschüsse der Gesellschaft für Mess- und Automatisierungstechnik (GMA) sich zurzeit mit einem Normprojekt "Messtechnik und Qualitätssicherung in der Mikrosystemtechnik" befassen. Ein Entwurf dieser Normungsinhalte konnte auf Anfrage jedoch nicht erlangt werden. Daher wird in nachfolgenden Kapiteln der Versuch unternommen, allgemeine Anforderungen der Qualitätssicherung aus den Normen zu ermitteln, um diese anschließend auf den Bereich der MST zu beziehen und Äußerungen zu der Übertragbarkeit zu machen. Einen Überblick der zur Untersuchung herangezogenen Normen ist in Anhang A2 zu finden.

Problematisch bei den ermittelten Anforderungen für die branchenunspezifische Qualitätssicherung ist, dass diese sehr allgemein gehalten werden und sich in Großteilen auf ganze Qualitätsmanagementsysteme beziehen. Es werden beispielsweise keine genauen Spezifikationen für Messprozesse oder Mindestwerte für Merkmale von Messmitteln gefordert, sondern lediglich die Angemessenheit der Prüfprozesse gefordert. Es wird diesbezüglich sogar gefordert, dass *„qualitative Aussagen zu den metrologischen Merkmalen, z.B. bezüglich der ‚geforderten Genauigkeit der Messmittel', [...] vermieden werden [sollen]"* [DIN 10012 S.21]. Weiterhin werden Anforderungen gegeben, die zur als unproblematisch zu sehen sind. Diese Anforderungen stehen oft in einem produktionsunterstützenden Verhältnis zur Qualitätssicherung. Als Beispiel für solche Anforderungen sind die Mindestaufbewahrungsdauern von Messdaten und anderen Dokumenten zu nennen, aber auch Anforderungen zur Verwendung einheitlicher Abkürzungen und Formeln können hier vernachlässigt werden.

Es soll nun auf die relevanten Anforderungen aus den Normen und der Literatur eingegangen werden. Unter Berufung auf [DIN 9001] können für die Messtechnik folgende Anforderungen für Organisationen festgehalten werden:

***- Es sollen die Ressourcen und Informationen, die zur Überwachung notwendig sind, stets verfügbar sein.***

Mit der Sicherstellung des Vorhandenseins von Informationen wird indirekt auf eine Messung und Dokumentation dieser angesprochen. Die Dokumentationsanforderungen sind bei der Übertragung in die Mikro-Welt unproblematisch. Bezogen auf die Messung wird lediglich festgehalten, dass entsprechende Messungen zum Erhalten von Informationen notwendig sind, also muss dies auch in der MST erfolgen. Wie dies konkret aussieht, wird nicht näher ausgeführt.

***- Messmittel müssen gegen Verstellungen, die Messfehler verursachen, gesichert werden***

Neben der Notwendigkeit zum regelmäßigen Kalibrieren, Justieren und zur sachgemäßen Kennzeichnung, müssen Messmittel so ausgelegt werden, dass stören Messeinflüsse minimiert werden [DIN 9001]. Für die Mikro-Welt sind diese Anforderungen aufgrund der kleinen Dimensionen besonders herausfordernd. Dies führt zu der Forderung nach Messtechniken, welche extrem niedrige Messunsicherheiten bzw. eine sehr hohe Messauflösung aufweisen.

In [DIN 62047] werden folgende Anforderungen speziell zur Messung von Bauteilen der MST gegeben.

***- Es müssen Prüfprozesse geplant, entsprechend den Anforderungen die Zielmessunsicherheit festgesetzt und geeignete Messmittel ausgewählt werden.***

Die Zielmessunsicherheit wird nicht von der Norm vorgeschrieben, sondern muss durch anderweitige Spezifikationen für das Produkt festgeschrieben werden. Hier fordert [DIN 32937 S.8] allgemein, dass *„Prüfmittel [...] so ausgewählt werden, dass mit ihnen die Konformität von Produkten mit festgelegten Anforderungen nachgewiesen werden kann."* Die Messunsicherheit als solches ist einer der Hauptprobleme, wenn es um das Messen von Bauteilen im Mikrometerbereich geht. Eine Umsetzung dieser Forderung ist entsprechend schwierig, aber wie in Kapitel 3.3 gezeigt wird, heute mit Hilfe geeigneter Maßnahmen durchaus möglich.

Schließlich befasst sich [DIN 10012] mit dem Einsatz von Messmanagementsystemen, deren Aufgabe die Erfüllung von metrologischen Anforderungen ist.

- ***Die metrologischen Anforderungen sind aus Anforderungen der Kunden, des Unternehmens und gesetzlicher Anforderungen abzuleiten.***

In dieser Forderung wird der kundenorientierte Ansatz aus [DIN 9000] widergespiegelt. Diese Kundenanforderungen setzen sich somit weiter in Anforderungen für Messmittel und –prozesse. Diese können nach [DIN 10012 S.10] beispielsweise Grenzwerte für *„Messabweichungen, zulässige Unsicherheit, Messbereich, Stabilität, Auflösung, Umweltbedingungen oder*

*Bedienerfähigkeiten*" sein. Alle oben genannten Anforderungskategorien sind bei der Messung von Mikrobauteilen als kritisch zu sehen, weshalb sie bei der Wahl geeigneter Prüfmittel berücksichtigt werden.

***- Es muss die Kompetenz des Bedienpersonals für die Messmittel sichergestellt und nachgewiesen werden.***

Aus den besonderen Anforderungen an die Messtechnik folgen erhöhte Anforderungen an die Fähigkeiten des Bedienpersonals. Da die Welt der MST für Menschen nur schwer zugänglich ist, können diese die Korrektheit des Prozesses nur durch von der Maschine gegebene Parameterangaben begutachten. Daher ist es notwendig, das Personal vertieft in dem Umgang der hochempfindlichen Messtechnik zu schulen und mit den Anforderungen vertraut zu machen.

***- Es müssen alle Einflussgrößen auf den Messprozess ermittelt und berücksichtigt werden.***

Beim Messen und Prüfen von Mikrobauteilen herrschen andere Rahmenbedingungen, welche sich in einer Vielzahl von besonderen Einflüssen bemerkbar machen. Um falsche Messergebnisse zu verhindern, muss die Messtechnik diese besonders beachten.

### 3.1.3 Implizite Anforderungen beim prüftechnischen Umgang mit Mikrokomponenten

Im vorliegenden Kapitel wird von den ausdrücklich festgeschriebenen, zugegebenermaßen zu allgemeinen Anforderungen an die Prüf- und Messtechnik weggetreten, um die durch die Besonderheiten der MST implizit gegebenen Anforderungen an die Mikromess und –prüftechnik zu erörtern. Den folgenden Schilderungen liegen hauptsächlich Beiträge aus einschlägigen Journals und Fachzeitschriften zugrunde und spiegeln somit eine Konkretisierung der Normenanforderungen wider. Als einer der Gründe weshalb der Übergang von Forschungsergebnissen zum industriellen Einsatz nur stockend voranschreitet, ist, dass eine wirksame Qualitätssicherung als Voraussetzung zur Einsatzfähigkeit dem fertigungstechnischen Know-How noch nachhinkt. Heutige Messtechniken zur Qualitätssicherung können dabei nicht ohne Weiteres übernommen werden und müssen angepasst werden [Fle-04; Rög-09].

Einige der wesentlichen Rahmenbedingungen, die eine effektive Qualitätssicherung herausfordern, sind umseitig in Abbildung 3.1 gegeben. Beispielsweise sind die Einflussfaktoren auf Prozesse, wie die der Messung, ein noch größeres Problem und führen zu einer erhöhten Variabilität des Prozesses [Kip-10]. Es kommt daher vor, dass Fehler auch bei stabilen Prozessen aufgrund ihrer Unvorhersehbarkeit in Erscheinung treten können [Sch-10a]. Dies führt leicht zu Messungenauigkeiten, welche das Einhalten notwendiger Toleranzbereiche erschwert. Es müssen daher neue Tolerierungsgrundsätze ausgearbeitet werden und die Genauigkeit und Präzision von Messprozessen erhöht werden. Des Weiteren gibt es keine Standards bezüglich der Komponenten, was das Messen mit unflexiblen Messmaschinen erschwert. Besonders herausfordernd sind dreidimensionale Mikrobauteile und Systeme, welche die Erreichbarkeit von Messpunkten ebenfalls verkompliziert [Spa-01]. Die Erfahrungen von Maschinenbedienern, welche kritische Prozesssituationen in der Makrowelt z.B. aufgrund von Geräuschbildung schnell identifizieren können, fallen ebenfalls weg, da visuelle und auditive Signale zu gering sind, um vom Menschen wahrgenommen zu werden [KIT-00].

Diese Rahmenbedingungen münden nach [Spa-01] in eine Reihe grundsätzlicher Anforderungen für die Qualitätssicherung durch Prüf- und Messprozesse, die im Folgenden kurz beschrieben werden sollen.

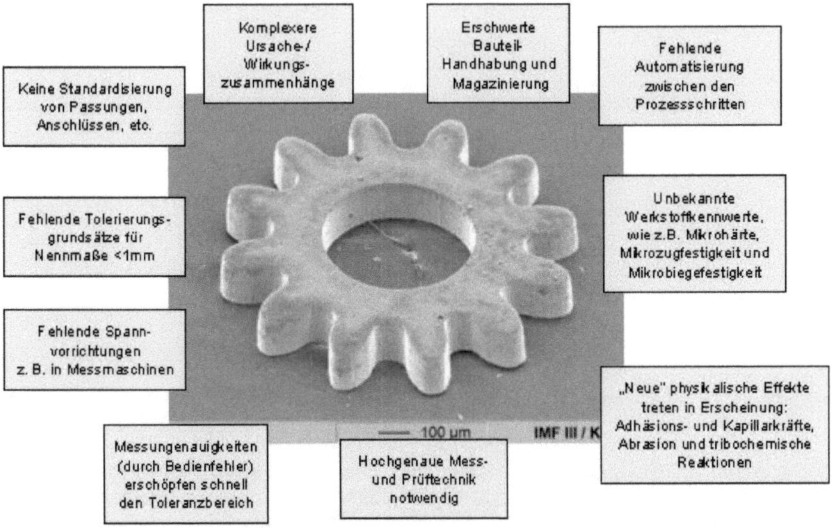


Abbildung 3.1 : Rahmenbedingungen bder MST [Kip-10]

**- *hohe Auflösung des Messbereichs in allen Dimensionen***

Aufgrund der extrem kleinen Dimensionen muss die Messtechnik die zu messenden Merkmale in einer ausreichend hohen Auflösung darbieten können, um die Konformität des Bauteils eindeutig zu widerlegen bzw. zu bestätigen und somit Fehlentscheidungen zu minimieren. Diese hohe Auflösung muss zudem der oftmals dreidimensionalen Struktur von Mikrobauteilen und montierten Systemen gerecht werden [Sch-10a]. Dies verlangt Auflösungen für Strukturen, die bei einem Messvolumen von 500 µm mindestens kleiner als 1 µm sind [Rön-99].

**- *geringe Messunsicherheit***

Die Toleranzen bei Mikrobauteilen liegen im Mikro- und teilweise im Submikrometerbereich [Kip-10]. Dies fordert dimensionelle Messprozesse hinsichtlich Messgenauigkeit derart, dass nur spezielle, kaum kommerziell zur Verfügung stehende Messtechniken dem ansatzweise gerecht werden [Buc-08]. Die meisten der zurzeit verbreiteten Präzisionsmessmaschinen verfügen über Messunsicherheiten, die bei Mikrobauteilen zu untauglichen Messaussagen führen würden. Die Messunsicherheit ist zum einen durch die Messauflösung gegeben, zum anderen wird sie durch minimale, kumulativ wirkende Einflüsse, die jedem Messprozess innewohnen, erhöht. Solche Einflüsse sind natürliche Streuungen, die das Messergebnis minimal beeinflussen [Masing]. Diese natürlichen Streuungen haben jedoch bei Mikrobauteilen einen aufgrund der geringen Dimensionen entsprechend hohen Einfluss, welcher den tatsächlichen Wert des Messergebnis stark von dem des gemessenen Wertes abweichen lassen kann. Die Messunsicherheit liegt also in der Größenordnung der geforderten Toleranzen und gestaltet eine Entscheidung bezüglich Annahme oder Ablehnung des Bauteils schwierig. Bei solch niedrigen Toleranzwerten kann die Forderung, dass die Messunsicherheit nicht mehr als ein Zehntel der Toleranz beträgt, nicht mehr eingehalten werden [Lan-08]. Der Unterschied im Bezug auf das Verhältnis von Toleranzbreite zu Messunsicherheit und der in der Mikro-Messtechnik kleineren Konformitätszone ist umseitig in Abbildung 3.2 veranschaulicht.

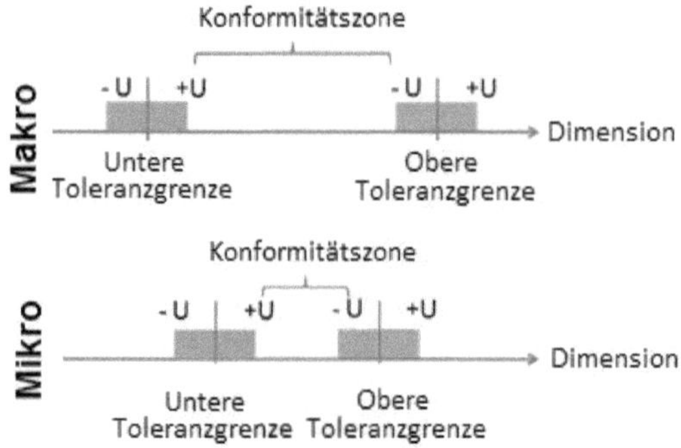


Abbildung 3.2 : Verhältnis von Toleranz zu Messunsicherheit nach [Tos-09, S.468]

Die Anforderungen an die Messtechnik zielen also final auf eine Situation ab, welche die Einflüsse auf das Messergebnis den besonderen Gegebenheiten anpasst und dementsprechend die Messunsicherheit stark minimiert, damit Messergebnisse aussagekräftig bleiben [Sch-10b]. Daher befassen sich viele Forschungsthemen mit der Ermittlung dieser neuen Umgebungsbedingungen, um diese gezielt zu kontrollieren und störenden Einflüssen wirksam entgegenzuwirken. Die Messunsicherheit spielt demzufolge bei der Mikromesstechnik eine herausragende Rolle, denn nur durch eine ausreichend kleine Messunsicherheit können geforderte Toleranzen eingehalten werden.

***- rückwirkungsfreie Messung***

Die Messtechnik sollte die Merkmalserfassung der Mikrobauteile mit besonderer Vorsicht durchführen. Die durchaus sehr unterschiedlichen Härten der zur Herstellung der Mikrobauteile verwendeten Materialien erfordern einen durchweg einheitlich geringen Einfluss der Messtechnik auf das Messobjekt [Bos-09]. Daher wird eine low-force bzw. non-contact Messung erforderlich, um nicht Gefahr zu laufen, die Messobjekte zu beschädigen [The-08]. Aus den gleichen Gründen sind geringe Fixierkräfte wichtig, falls eine Fixierung des Messobjektes aus Gründen der Streuungsreduzierung von unerwünschten Einflüssen notwendig ist.

***- Schnelligkeit der Messung***

Ein weiteres wichtiges Kriterium ist die Geschwindigkeit, mit der die Messung- bzw. Prüfung durchgeführt werden kann. Diese Forderung ist sofort ersichtlich, wenn man die teilweise sehr hohen Fertigungsraten für Mikrobauteile vor allem in der Automobilindustrie betrachtet. Beispielsweise wird an unterschiedlichen Stellen von 300 bis 1000 Teilen pro Minute gesprochen [Sch-10a]. Diese Fertigungsraten können zum Teil notwendig sein, damit die Produktion wirtschaftlicher ist. Damit die Messtechnik nicht das Nadelöhr in der Produktion wird, müssen idealerweise die Messprozesse so ausgelegt sein, dass sie den Produktionsfluss nicht behindern. Das bedeutet, dass sehr schnelle Messprozesse notwendig sind [Lan-08]. Besonders problematisch ist es, wenn es als wichtig angesehen wird, eine 100% Prüfung oder sogar eine Vollprüfung durchzuführen.

***- Ausmaße der Messtechnik***

Die Größe der verwendeten Messmaschine scheint zunächst nicht besonders bedeutsam. Betrachtet man jedoch ein Gesamtsystem, welches Messtechniken und andere Prozesse integriert, ist es durchaus wichtig, dass die Messmaschine kompakt ist. Somit kann die

Zugänglichkeit zu dem Gesamtprozess noch gewährleistet werden und es bleibt noch Raum für periphere Techniken. Als Beispiel zu der Integrationsfähigkeit ist das Scenario einer Unterbringung von Teilen der Messtechnik in eine Vakuumkammer zu nennen, welche nicht beliebig groß ausgeführt werden kann.

***- Flexibilität und universelle Einsetzbarkeit***

Damit auch bei einer Vielzahl unterschiedlicher Produktvarianten Messprozesse effizient sind, müssen diese so ausgelegt sein, dass sie schnell an die verschiedenen zu messenden Bauteile angepasst werden können. Das bedeutet, dass fast jedes unterschiedliche Mikrobauteil verschiedene Messeinstellungen bzw. Sensoren benötigt, da beispielsweise eine Einstellung bezüglich der Messauflösung für ein Bauteil geeignet sein kann, jedoch für das nächste schon zu gering sein kann [Pfe-01]. Sind Messmittel zu speziell ausgelegt, würde eine Investition nur dann profitabel machen, wenn eine Massenproduktion von Standardteilen über einen langen Zeitraum angestrebt wird [Pfe-04]. So sollte ein Messmittel dazu in der Lage sein, sich an veränderte Produktanforderungen anzupassen und z.B. Messobjektive schnell wechseln zu können [The-08]. Aus diesen Überlegungen wird ersichtlich, dass verschiedene Messsysteme notwendig sind, um die verschiedenen Bauteile untersuchen zu können [Lan-08].

***- Automatisierbarkeit der Messung***

Um die bereits angesprochene Messunsicherheit drastisch zu reduzieren, muss die Qualitätssicherung von Mikrobauteilen auch die Messprozesse automatisieren, um Störeinflüsse zu minimieren. Im Rahmen der Qualitätssicherung wird auf die Automatisierung von Prozessen der Qualitätssicherung in der Produktion in Kapitel 4 eingegangen.

***- Fähigkeiten des Bedienpersonals***

Die neuen zu entwickelten Messprozesse stellen auch für das Bedienpersonal höhere Anforderungen dar. Die bereits angesprochene Tatsache, dass sowohl deren Erfahrungen und deren Sinne im Bereich der Mikromesstechnik kaum mehr von Bedeutung sind, führt zu der Erfordernis, sich mit der Funktionsweise der Mikromessmaschinen vertieft auseinander zu setzen [Fle-04]. Nur durch die höhere Kompetenz im Umgang mit den Maschinen lassen sich störende Einflüsse auf ein Minimum halten.

## 3.2 Geeignete Mikro-Messverfahren zur Qualitätssicherung

Die Aufgabe der Auswahl von Mess- bzw. Prüfmitteln fällt prinzipiell in den Bereich der Prüfplanung. Da die Qualität einer Komponente stark von dem gewählten Prüfmittel abhängt, müssen insbesondere für die Prüfung von Mikrobauteilen geeignete Mess- und Prüfmittel gefunden werden. Die Messmittelauswahl folgt dabei technischen, wirtschaftlichen und organisatorischen Kriterien, wobei die letzen beiden für einen Vergleich verschiedener Technologien weniger relevant sind. Die technischen Kriterien umfassen die Prüfart, das Prüfprinzip, die Prüfgröße, den Messbereich, die Messauflösung und die Messunsicherheit [Masing]. Für eine Auswahl von allgemeinen Messmethoden für Mikrokomponenten in dieser Arbeit sind operative Kriterien, wie die Prüfgröße, irrelevant, da ohnehin nur ein grober, vom spezifischen Mikrobauteil unabhängiger Rahmen geschaffen werden soll. Wichtig sind aufgrund der allgemein gültigen geringen Größen der Bauteile jedoch vor allem die Messauflösung und der benötigte Messbereich. Der Messbereich ist durch den Toleranzbereich des Prüfmerkmals definiert, d.h. die Toleranzweite muss mindestens im Messbereich liegen, oder idealerweise darüber hinausgehen [Masing]. Besonders wichtig für vorliegende Betrachtungen ist, dass die Toleranz des Prüfmerkmals die Messauflösung und Messunsicherheit festlegt. Da die Toleranzen oftmals sehr klein sind, wird eine Auswahl auf Messsysteme fokussiert, welche bereits heute besonders hohe Auflösungen bieten können. Die Messauflösung beschreibt dabei *„den kleinsten Wert der Änderung des zu messenden Merkmals, die das Messsystem noch* *eindeutig erfassen kann“* [Masing, S.528]. Die Messunsicherheit kann der Messauflösung entsprechen, oder unter dieser liegen. Die Messunsicherheit sollte bekanntermaßen nicht mehr als ein Zehntel der Toleranz betragen („Goldene Regel der Messtechnik“). Daneben hängt die ideale Auswahl von Messmethoden allgemein von dem Verfahrensweg, minimaler Messzeit und minimalen Verschleiß bei taktilen Verfahren ab [Töp-07]. Zusätzlich sind die besonderen Anforderungen in der Mikrosystemtechnik aus dem vorherigen Kapitel zu beachten. Die Messverfahren sollen sich auf die dimensionelle Messtechnik beschränken, da diese den Hauptanteil der Prüfaufgaben ausmachen. Neben Längenmessungen sollen auch Verfahren diskutiert werden, die Merkmale mit höheren allgemeinen Anforderungen, wie die Oberflächeneigenschaften, erfassen können. Zunächst werden in den folgenden Kapiteln diese Messverfahren vorgestellt und erst in Kapitel 3.3 einer groben Umsetzbarkeitsbetrachtung unterzogen werden.

### 3.2.1 Konfokale Mikroskopie

Die konfokale Mikroskopie gilt als eine der neueren Verfahren in der optischen Metrologie und bietet zahlreiche Vorteile gegenüber der konventionellen Lichtmikroskopie [Pfe-01]. Sie weist als solches beispielsweise eine wesentlich höhere Auflösung in axialer Richtung auf. Das Funktionsprinzip soll im Folgenden nach [Den-09] kurz beschrieben werden. Durch eine Lichtquelle wird ein Lichtstrahl über ein Mikroskopobjektiv durch die erste Lochblende und anhand eines Strahlteilers auf das Messobjekt reflektiert. Auf der Fokusebene wird das Licht auf dem gleichen Weg zurückreflektiert und an dem Strahlteiler so weitergeführt, dass es durch eine weitere Lochblende auf einen Detektor, wie z.B. einer CCD-Kamera, mit maximaler Intensität geworfen wird (Prinzip der zweifachen Raumfrequenzfilterung). Störende Lichtinformationen, sowie Streulicht von außerhalb der Fokusebene, werden größtenteils durch die Lochblende blockiert (gepunktete Linien) [Jäh-05]. Ihre Lichtintensität verringert sich daher mit dem quadrierten Abstand zur Fokusebene. Um eine Oberflächenstruktur zu messen, müssen mehrere Fokusebenen Punkt für Punkt abgefahren werden (Scanning bzw. Rastern) und durch Software die 3D-Topografie durch Überlagerung der einzelnen Ebenen errechnet werden [Jäh-05]. Neben dem Messen von Oberflächen und deren Struktur, können maschinell hergestellte Mikrobauteile, Halbleiter und Magnetaufnahmeköpfe vermessen werden [Pfe-01].

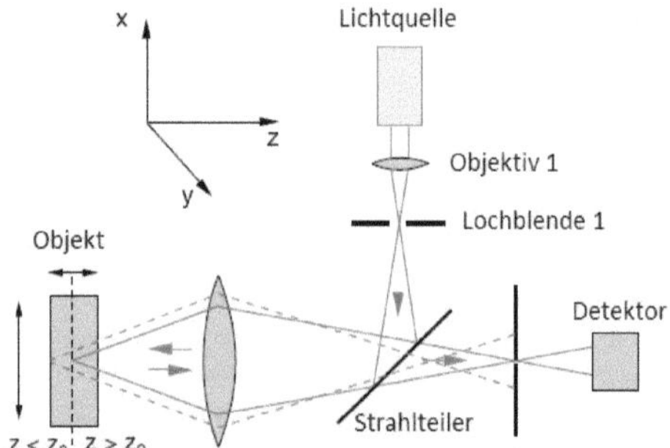


Abbildung 3.3 : Prinzip der konfokalen Mikroskopie nach [Den-09, S.381]

Für den Einsatz in der Mikromesstechnik besonders bedeutend sind die weiterentwickelten Laser-Scanning Mikroskope (CLSM), welche eine monochromatische Lichtquelle zur Abtastung verwenden [Jäh-05]. Sie ermöglichen eine weitere Erhöhung der vertikalen und axialen

Auflösung um etwa den Faktor 0,7 [Pfe-01]. Außerdem bestechen CLSM durch eine ebenfalls bessere Tiefenschärfe und einem deutlich höherem Kontrast. Da das Abtasten relativ Zeitaufwändig ist, kann unter Zuhilfenahme von Mikrolinsen, Nipkow-Scheiben und einer Spaltblende eine Zeilenabtastung vorgenommen werden, jedoch bedingt durch eine Steigerung der Messunsicherheit [Fis-96]. Um eine Reihe von unterschiedlichen Messobjekten untersuchen zu können, ist es daneben erforderlich eine entsprechende Wechselbarkeit von Objektiven zu gewährleisten. Da sich die Dreidimensionalität lediglich auf die Oberflächenstruktur bezieht, stellt die konfokale Mikroskopie an sich ein sogenanntes 2½ dimensionales Messverfahren dar. Grund hierfür ist die vertikale Richtung, mit der das Licht auf das Objekt trifft, da Flächen, die fast parallel zur Vertikalachse liegen, nur sehr wenig Licht reflektieren [Büt-08]. Um dennoch dreidimensionale Informationen zu erhalten, können verschiedene Aufnahmen aus einer Vielzahl von unterschiedlichen Winkeln gemacht werden. Anschließend werden die einzelnen Bilder mit entsprechenden Algorithmen durch eine Software zu einem dreidimensionalen Gebilde wieder zusammengesetzt [Pfe-04].

### 3.2.2 Weißlichtinterferometrische Mikroskopie (WLI)

Ein weiteres optisches Verfahren zur Messung von kleinen 3D-Strukturen und Oberflächen ist das Weißlichtinterferometer, welches anders als andere Interferometer eine breitbandige Lichtquelle benutzt. Aufgrund dieses mehrwelligen Lichtspektrums und dessen kleiner Kohärenzlänge, ist es möglich sehr genaue Messungen auch in axialer Richtung zu erhalten [Jäh-05]. Das Grundprinzip der Weißlichtinterferometrie nach [Sch-03] beruht auf der Aufsplittung eines Lichtstrahls in zwei separate Strahlen. Einer der Strahlen wird von dem Messobjekt, der andere von einem Referenzspiegel reflektiert, um schließlich wieder mit unterschiedlichen Weglängen rekombiniert zu werden [Ped-05]. Die resultierende Interferenz beider Strahlenwellenfronten wird in Form eines Interferogramm (Abb. 3.4) aufgenommen.

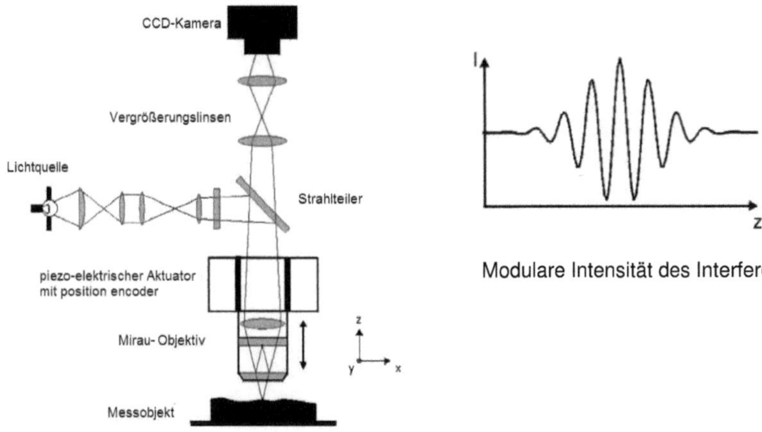


Modulare Intensität des Interferometers

Abbildung 3.4 : Weißlichtinterferenz-Mikroskop und Interferograph [Pfe-01, S.11]

Die modulare Intensität der Interferenzsignale ist maximal, wenn die Pfadlänge beider Strahlen gleich ist. Durch die Bewegung des Messobjektes werden so verschieden helle und dunkle Bänder kreiert und dadurch das Interferogramm, welches durch eine CCD-Kamera aufgenommen wird und an einem Rechner ausgewertet wird [Ped-05]. Durch Analyse des Interferogramms ist es möglich, den Abstand zum Messobjekt zu bestimmen und somit

Informationen über die Oberflächenbeschaffenheit zu erhalten. Um Mikrobauteile zu untersuchen, wird die Interferometrie mit einem Mikroskop in einem Instrument kombiniert, um eine besonders hohe Auflösung zu erhalten. Zum Messen von Mikrosystemen ist das Weißlicht aufgrund der geringen Kohärenzlänge (ca. 2 µm) von Vorteil. Die Kohärenz umschreibt dabei die Voraussetzung zur Bildung von Interferenzen.

Dadurch können auch Mikrobauteile mit relativ großen Höhenunterschieden (ca. 500 µm) aufgenommen werden und nicht nur relativ glatte Oberflächen [Pfe-01]. Für die Mikroskopie wird hauptsächlich das Mirau-Interfereometer verwendet, welches den Referenzspiegel in dem Objektivaufbau integriert und einen zweiten Splitter besitzt [Whi-03]. Es wird, anders als bei dem grundsätzlichen Prinzip, das Objektiv durch piezo-elektrische Aktuatoren so eingestellt, dass das höchste Interferenzsignal im Falle der besten Fokussierung eintritt [Sch-03]. Die Position des Objektives wird dabei durch ein „position encoder" erfasst und kann anschließend ausgewertet werden. Neben dem Mirau Interferometer sind auch Michelson und Linnik Interferometer für die Zwecke der Mikroskopie anwendbar und je nach Genauigkeitsanforderungen einzusetzen [Sch-03]. Sie unterscheiden sich durch eine Signalaufnahme durch Helligkeitsschwankungen mittels einer CCD-Kamera, ähnlich dem grundsätzlichen Prinzip.

Ein mit der konfokalen und weißlichtinterferometrischen Mikroskopie prinzipverwandtes Messverfahren stellt die passive Fokussuche dar, bei der eine Kamera hintereinander auf verschiedene Ebenen der Oberfläche fokussiert wird, um anschließend durch eine Schärfekarte das Schärfemaximum und somit final die Oberflächenstruktur zu erlangen [Rön-99].

### 3.2.3 Digitale Holographische Mikroskopie (DHM)

Ein sehr stark mit der interferometrischen Mikroskopie verwandtes Messverfahren stellt die digitale holographische Mikroskopie (DHM) dar. Auch hier werden Interferenzmuster zur Auswertung von Topographieinformationen verwendet. Das geschieht jedoch durch Lichtstrahlen, die weniger Fokussiert werden und flächig auf das Messobjekt geworfen werden. Durch die Rekombination der Referenzwelle und der Objektwelle, ähnlich der Interferometrie, entsteht ein räumliches Hologramm, das ebenfalls durch die rechnergestützte Analyse diskretisiert und ausgewertet werden kann, um die nötigen Informationen zu erhalten [Eme-06]. Dadurch, dass nicht mit einem fokussierten Lichtstrahl gearbeitet wird, sind lediglich laterale Auflösungen vergleichbar mit denen der konventionellen Lichtmikroskope möglich. Eingesetzt wird das DHM hauptsächlich für eine 100% Prüfung von Mikrokomponenten hinsichtlich Oberflächenbeschaffenheiten und Abmaßen, da die Messung extrem schnell und auch in Echtzeit erfolgen kann [Eme-06].

### 3.2.4 Optisches Rasternahfeldmikroskop (SNOM)

Anders als konventionelle, optische Mikroskope, ist die Auflösung bei der optischen Rasternahfeldmikroskopie nicht durch die sog. Rayleigh'sche Auflösungsgrenze bestimmt [Nab-00], da das Messobjekt nicht durch ein Objektiv beleuchtet wird, sondern durch eine Nahfeldspitze bzw. –sonde, welche weniger als 100 nm von dem Messobjekt entfernt ist und somit kleiner als die Wellenlänge der verwendeten Lichtquelle [Taa-06]. Die Nahfeldspitze kann eine Silikonspitze oder auch eine mit Gold beschichtete Glasspitze sein [Osh-07]. Neuerdings werden vermehrt metallbedampfte Glasfasern als Sonden eingesetzt, welche intern durch einen Laser Oberflächen beleuchten und eine lediglich durch die Aperturspitze von weniger als 100 nm begrenzte laterale Auflösungen von unter 20-30 nm erreichen [Lie-02]. Der übliche Verfahrensmodus ist in Abbildung 3.5a dargestellt. Die Sonde wird durch Rasterbewegungen über die Oberfläche des Messobjektes gefahren. Damit die Spitze in einem konstanten Abstand zu dem Messobjekt bleibt und nicht in dieses eindringt und beschädigt, macht man sich die bei solch geringen Abständen wirkenden Scherkräfte zu Nutze [Lie-02].

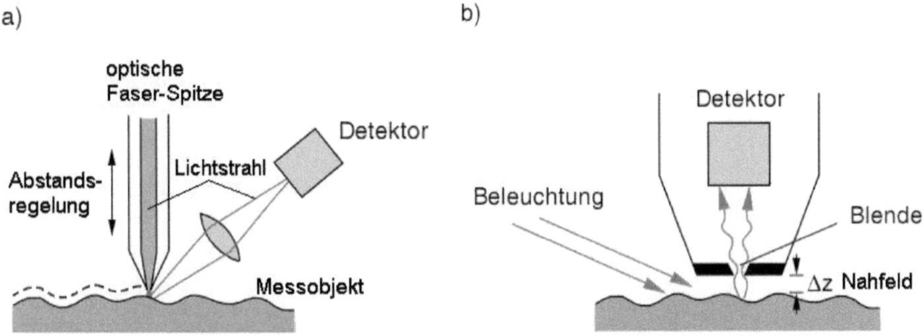


Abbildung 3.5 : Prinzip eines SNOM nach [Den-09, S.383]

Wird die Spitze zum Schwingen angeregt, dämpfen die Scherkräfte diese und es kann der Abstand durch Messung der Schwingungsamplitude geregelt werden [Lie-02]. Die Detektion des vom Messobjekt reflektierten Lichtes erfolgt durch geeignete Optiken im Fernfeld in einem bestimmten Winkel oberhalb oder auch unterhalb des Messobjektes [Den-09]. Die Funktionsweise kann ebenfalls umgekehrt werden, so dass die Glasfasersonde eingeworfenes Licht detektiert, oder aber beide Aufgaben werden durch die Sonde erfüllt (Abb. 3.5b) [Lie-02; Den-09]. Die so entstehenden Lichtinformationen werden wiederum durch CCD-Kameras und entsprechender Auswertung in 3D-Topologien umgewandelt. Wird bei diesem Verfahren zu schnell entlang der Oberfläche gefahren, so können die wirkenden Oberflächenkräfte nicht mehr wirken und es besteht die Gefahr, dass der Tastkopf in das Messobjekt hineinfährt [Den-09].

### 3.2.5 Fiberskop

Gänzlich andere Anwendungsbereiche lassen sich mit sogenannten Fiberskopen realisieren. Sie zeichnen sich durch zahlreiche positive Eigenschaften aus, die eine Anwendung im Bereich der Qualitätssicherung und Prozessüberwachung von Mikrosystemen interessant machen. Fiberskope zeichnen sich durch ihre besonders kleine Bauweise aus, welche eine Integration in andere Werkzeuge, z.B. für Handlingsaufgaben, möglich macht, sowie durch ihre Flexibilität und Unempfindlichkeit gegenüber elektro-magnetische Strahlung, Vakua oder hohen Temperaturen [Pfe-01]. Fiberskope bestehen aus einer Reihe von einzelnen Glasfasern, von denen jedes einen Durchmesser von nur ca. 100-500 µm hat [Den-09]. Durch die aufgrund der geringen Strahlenwinkel mögliche Totalreflexion innerhalb der Fiber, können Licht- und damit auch Bildinformationen über weite Strecken transportiert werden [Den-09]. Nach [Pfe-01] können zwei spezielle Aufgabengebiete ausgemacht werden. Zum einen lassen sich Mikrosysteme für eine Qualitätssicherung auf Vollständigkeit bzw. Funktionalität verwenden, da Fiberskope mit einem Durchmesser von unter einem Millimeter auch das Innere von kleinen Bauteilen betrachten können. Zum anderen können Fiberskope an Greifern zur groben Positionsbestimmung eingesetzt werden und sind damit für eine Automatisierung als hilfreich anzusehen. Nachteilig sind die sehr niedrigen Auflösungen, die eine genaue Messung von Bauteilen ausschließt, jedoch für die beschriebenen Aufgaben ausreicht.

### 3.2.6 (Mikro-) Streifenprojektion

Die Streifenprojektion (engl. fringe projection) ist eine gängige Methode zur Erzeugung von 3D Ansichten von Objekten. Die Funktionsweise beruht prinzipiell auf dem Triangulationsverfahren, bei dem anders als bei einem Stereoverfahren nur eine Lichtquelle und zusätzlich eine CCD-

Kamera benötigt werden [Jäh-05]. Mit Hilfe eines Projektors (z.B. LCD Display) werden computergenerierte Streifenmuster mit unterschiedlicher Wellenlänge auf ein dreidimensionales Messobjekt geworfen und in einem bestimmten Triangulationswinkel von einem Detektor aufgenommen [Jäh-05]. Die Deformation der zurückprojizierten Streifenmuster dient als Information zur Rekonstruktion der Gestalt des Objektes, indem die relative vertikale Verschiebung aller Pixelpositionen durch die Analyse der Phasenverschiebung errechnet wird [Zha-05; Jäh-05]. Diese in Form von Punktewolken vorliegende Informationen können wiederum zum Abgleich mit CAD-Daten verwendet werden, um so Aussagen zu der Qualität des Objektes zu machen [Zha-05]. Die Vorteile der Streifenprojektion und deren Ableger liegen auf der Hand.

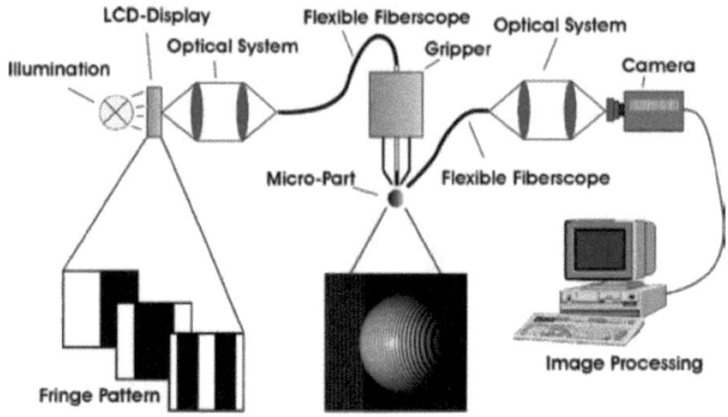


Abbildung 3.6 : Aufbau einer Streifenprojektionseinrichtung [Pfe-04, S.216]

Zum einen sind die Maschinen relativ einfach aufgebaut und kommen ohne empfindliche Aktuatoren aus [Sam-05]. Daneben können komplette Objekte auf einmal gescannt werden, so dass sehr schnelle Messgeschwindigkeiten erreichbar sind (4 mm² in ca. 1 Sekunde). Mit konventionellen Messmaschinen, die mit einer Streifenprojektion arbeiten, können axiale Auflösungen von ca. 1 µm und laterale Auflösungen von ca. 3 µm erreicht werden [Sam-05]. Die Auflösung ist hierbei zum einen abhängig von der Auflösung des Optiksystems und zum anderen von der Frequenz der Streifenmusterdarstellung.

Eine besonders interessante Abwandlung dieses Messsystems wird von [Sch-06] vorgestellt. Wird die Projektion und die Detektion der Lichtwellen durch Glasfasern vollzogen und beispielsweise in einen Greifer integriert, ist es möglich, Montage- und Handlingsprozesse vollständig zu automatisieren und selbst schwierig zu erreichende Komponenten innerhalb eines Mikrosystems zu messen. Ein prinzipieller Aufbau ist in Abbildung 3.6 dargestellt. Durch die Flexibilität der Streifenprojektion ist es weiterhin möglich diesen Aufbau für unterschiedliche Messobjekte zu nutzen [Pfe-04].

### 3.2.7 Rastersondenmikroskopie (SPM)

Die Rastersondenmikroskopie ist ein Oberbegriff für eine Reihe von hochgenauen Messverfahren, welche hauptsächlich für die Anwendungsfelder der strukturellen Oberflächentopologie und der Gewinnung von Informationen über chemische und physikalische Eigenschaften von Materialien verwendet werden [Kal-07]. Es können über 20 verschiedene Typen der Rastersondenmikroskope ausgemacht werden, die am gebräuchlichsten sind jedoch die Rasterkraftmikroskopie (AFM), die Rastertunnelmikroskopie (STM) als auch die bereits vorgestellte optische Rasternahfeldmikroskopie (SNOM) [Whi-03].

Aufgrund der ähnlichen Eigenschaften und Anwendungsfelder der Rastersondenmikroskope soll im Folgenden das AFM nach [Sca-03] repräsentativ vorgestellt werden. Das AFM zählt als Weiterentwicklung des STM und des Profilometers. Hauptbestandteil ist eine Art Blattfeder (Cantilever) mit einer sehr geringen Federkonstante, an deren Spitze sich eine sehr feine Diamantspitze befindet. Diese Spitze wird in die unmittelbare Nähe des Messobjektes gebracht, so dass winzige atomare Kräfte, wie van der Waals Kräfte, wirken. Wird die Nadelspitze entlang des Messobjektes gefahren (Rastern), so wird bei Unebenheiten die Blattfeder auslenken. Diese Auslenkung wird durch einen Laser gemessen und durch piezo-elektrische Aktuatoren wird die Feder so verstellt, dass die wirkenden Kräfte stets konstant bleiben. Neben diesem Verfahrensmodus, welcher aufgrund des winzigen Abstandes von Spitze zur Probe von um 0,1 nm als berührendes Verfahren bezeichnet wird, existiert ein weiterer Modus, bei dem die Blattfeder in Schwingung versetzt wird [Pfe-01]. Je näher die Spitze zu dem Messobjekt gelangt, desto kleiner wird die Schwingungsamplitude der Feder sein, da die van der Waals Kräfte diesen verstärkt entgegenwirken. Durch eine Regelung kann diese Amplitude durch axiale Verstellung der Blattfeder konstant gehalten werden und die Auslenkungen direkt gemessen werden [Bin-86]. Bei dem STM unterscheidet sich das Verfahren dadurch, dass hier nicht die Kraft bzw. Amplitude konstant gehalten wird, sondern ein eingeleiteter Tunnelstrom zwischen Nadelspitze und Probe [Bin-86].

### 3.2.8 Rasterelektronen-Mikroskopie (REM)

Eine durchaus bekannte Messtechnik für Mikrostrukturen stellt die Rasterelektronenmikroskopie (REM) dar, welche im englischen unter dem Namen der Scanning Electron Microscopy (SEM) bekannt ist. Das Funktionsprinzip beruht nach [Klo-06] auf der Rasterung der Oberfläche eines Messobjektes durch einen energiereichen Elektronenstrahl. Hierzu wird eine Glühkathode bestehend aus Wolfram erhitzt, so dass diese Elektronen emittiert, welche anschließend beschleunigt werden. Um Oberflächen abtasten zu können, wird der Elektronenstrahl durch elektromagnetische Ablenkspulen fokussiert und im Rasterverfahren über das Messobjekt gefahren. Damit der Elektronenstrahl nicht von Luftmolekülen gestört wird, muss der Rastervorgang in einem Vakuum stattfinden. Die auf das Messobjekt treffenden Elektronen werden derart abgebremst, dass die kinetische Energie an das Messobjekt abgegeben wird, wodurch wiederum sogenannte Sekundärelektronen aus dem Messobjekt herausgelöst werden. Diese Sekundärelektronen stammen aus der unmittelbaren Oberfläche und werden durch einen entsprechend synchronisierten sogenannten Everhart-Thornley-Detektor aufgefangen und können am Rechner in topologische Daten umgewandelt werden [Fle-95]. Neben diesen Sekundärelektronen werden in tieferen Ebenen des Objektes auch Rückstreuelektronen, Röntgenstrahlen und Lichtimpulse freigesetzt, die bei Bedarf ebenfalls durch Detektoren aufgenommen und weiterverarbeitet werden können. Es können Auflösungen im Nanometerbereich und bis zu 150.000 fache Vergrößerungen erzielt werden, sowie sehr gute Tiefenschärfen aufgrund der fehlenden Restriktion durch Linsen. Diese Tiefenschärfe ermöglicht die Darstellung sehr plastisch wirkender Oberflächen, die die dreidimensionalen Konturen erahnen lassen. Die Tiefenschärfe ist jedoch ursächlich für Mehrdeutigkeiten bei Tiefenmessungen. Der Haupteinsatzbereich in der dimensionellen Metrologie liegt daher im Messen von oberflächigen Längen. Um für die MST brauchbare Tiefenmessungen vorzunehmen, muss das Messobjekt zusätzlich um etwa 10° gekippt werden, um durch eine stereoskopische Überlagerung und die Aufnahme mit mehreren Detektoren ein tatsächliches dreidimensionales Gebilde zu bekommen, in dem Höhenunterschiede eindeutig zu identifizieren sind [Whi-03]. Im Rahmen einer Qualitätssicherung werden REM bevorzugt für die Feststellung von Bauteilbeschädigungen und Strukturdefekte, aber auch zum dimensionellen Messen von

Längen verwendet. Die Geschwindigkeit der Abtastung ist bei digitalen REM vergleichbar schnell, wie die Projektion durch eine Fernseherröhre [Fle-95].

Die Voraussetzung eines Vakuums bedingt, dass die komplette Produktionsstraße sich im Vakuum befindet. Dies ist unter Verwendung von Großraum-REM theoretisch umsetzbar, da diese ein Volumen von ca. 2 m² besitzen [Pfe-01]. Vorteilig wäre diese Konstruktion durch die beiseitige Erfüllung einer hohen Reinheit der Umgebung, die eine Störung durch Staubpartikel o.ä. vermeidet. Jedoch ist eine solche Umsetzung einer Produktionsstraße sehr aufwändig, da empfindliche Komponenten eventuell gegen die Elektronenstrahlen abgekapselt oder abgeschirmt werden müssen [Ser-00] und eine umfangreiche Medienversorgung (Strom, Kühlmittel, Luft, IT) gewährleistet sein muss. Daneben ist zu berücksichtigen, dass die REM nur bei elektronisch leitenden Materialien ohne Vorbehandlung funktioniert.

### 3.2.9 Mikro-Koordinatenmessgeräte (MCMM)

Die Koordinatenmesstechnik ist bekannt für die Vielzahl an Messaufgaben, die mit ihr durchgeführt werden können. Aufgrund der großen Dimensionen des Tasters und der Antastkräfte blieb ihr Einzug in die Welt der Mikrosysteme bis vor kurzem verwehrt. Seit einiger Zeit sind nun Koordinatenmessmaschinen (CMM) zur Messung von Mikrosystemen auf dem Markt. Das Prinzip ist das gleiche, wie das der CMM in der Makro-Welt, jedoch den besonderen Anforderungen entsprechend nachfolgender Schilderungen unter Bezug auf [Büt-08] angepasst. Ein

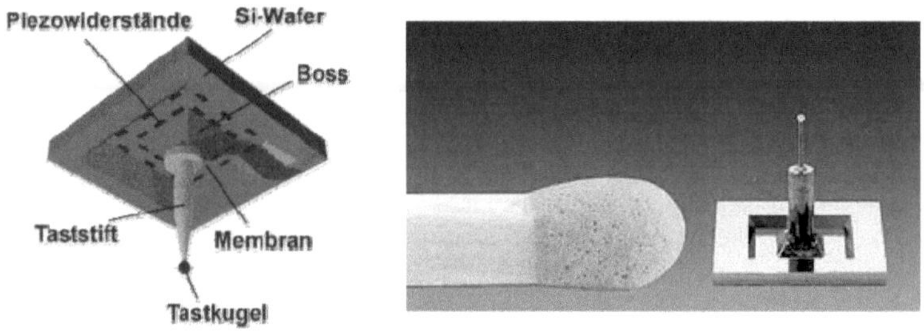


Abbildung 3.7 : Mikrotaster [Hub-08]

auf einer sogenannten Boss-Membrane aufgeklebter Taster mit einer Länge von ca. 5 mm, bestückt mit einer Rubinkugel, wird an das Messobjekt gefahren, so dass der Taststift ausgelenkt wird. Dadurch wird die Boss-Membran verformt und die sich in der Membran befindlichen piezoresitiven Halbleiter ändern ihren Widerstand. Diese Widerstandsänderungen können erfasst werden und nach einer Tastradiuskorrektur die genaue Raumposition bezogen auf ein Koordinatensystem ermittelt werden. Nach dem Abtasten mehrerer Punkte entsteht eine Punktewolke, die mit der Soll-Gestalt aus CAD-Daten verglichen wird. Der Mikrotaster ist in Abbildung 3.7 dargestellt. Eines der zurzeit wenigen kommerziell erwerblichen MCMM ist das F25 von Carl Zeiss. Mit dieser MCMM ist die Ermittlung von Maßen, Form- und Lageabweichungen von Strukturen, welche sich im Zehntelmillimeterbereich finden, möglich [Zei-08]. Es werden Messunsicherheiten von unter 100 nm erreicht, u.a. durch Einsatz verbesserter Luftlager der Maschine [Büt-08]. Bei der Antastung werden extrem niedrige Antastkräfte benötigt, die nicht nur notwendig sind, um das Messobjekt nicht zu beschädigen, sondern auch um den Messtaster nicht abzubrechen. Des Weiteren ist darauf zu achten, dass der Wärmeeinfluss durch entsprechende Maßnahmen minimiert werden muss. Neben der Auslenkungserkennung durch Piezowiderstände wird für MCMM auch die Erkennung der

Auslenkung mit Hilfe einer optischen Kamera und einem auf der Streifenprojektion basierenden Methodik angewendet [PTB-09]. Die so vollzogene optische Antastung ist jedoch nicht mehr für dreidimensionale Strukturen geeignet.

## 3.3 Umsetzbarkeitsbetrachtung

Unter Zuhilfenahme der in Kapitel 3.1 ermittelten Anforderungen kann nun eine Grobeinschätzung erfolgen, indem die bedeutendsten Anforderungen als Kriterien verwendet werden. Beginnend mit der konfokalen Mikroskopie, lassen sich zunächst deren hohe Auflösungen in axialer Richtung feststellen. Hiermit ist eine Charakterisierung von Oberflächen in 5-10 Sekunden möglich. Für die Messung von Oberflächeneigenschaften von Bauteilen im Mikrometerbereich begrenzt die Auflösung die zu charakterisierenden Oberflächen sehr stark ein. Weiterhin stellt sich die Erkennung von Kanten als problematisch dar. Aufgrund der Möglichkeit der zusätzlichen Erstellung von dreidimensionalen Maßinformationen durch die Fotogrammmetrie lässt sich jedoch der Einsatzbereich ausweiten und zeigt die universelle Einsetzbarkeit dieses Messverfahrens und die geringen Anforderungen an die Medienversorgung. Eine Umsetzbarkeit ist somit denkbar, jedoch können die Anforderungen nicht in vollem Ausmaß erfüllt werden. Die Weißlichtinterferometrie ist ebenfalls beschränkt auf 2½ dimensionale Messungen und verfügt über ähnliche Auflösungen und Messunsicherheiten wie die konfokale Mikroskopie. Aufgrund der deutlich höheren Messzeiten von einigen Minuten, scheint sie jedoch unterlegen. Zudem scheitert sie bei abrupten Änderungen der zu messenden Höhen, wie dies bei allen optischen Messverfahren leider der Fall ist. Sie kann dennoch häufig als Hilfstechnik zur Kontrolle von den Messprozessen an sich gefunden werden. Die digitale holographische Mikroskopie kann aufgrund der Beseitigung der Nachteile hinsichtlich der Messgeschwindigkeit bei ansonsten ähnlichen Eigenschaften als das am vielversprechendste Verfahren angesehen werden. Die wenigen Nachteile sind die Beschränktheit auf eine topographische Untersuchung von nicht-diffusen Objekten [Eme-06]. Diese optischen Verfahren eignen sich aufgrund ihrer universellen Einsetzbarkeit insbesondere für Bauteile, die mit anderen Systemen aufgrund der Materialeigenschaften, wie Zerbrechlichkeit oder der unmöglichen Aufladung, nicht zu Messen sind. Die Streifenprojektion gilt als hochflexibles und breit eingesetztes Verfahren. Aufgrund der Fähigkeit, dreidimensionale Messdaten innerhalb kürzester Zeit zu erfassen, ist dieses Verfahren für einen In-Line Messprozess geeignet. Daneben sticht dieses Verfahren durch die geringen Abmaße aufgrund der wenigen Komponenten hervor. Als Nachteile können die Anfälligkeit aufgrund von Reflektionen oder ähnlichen Störfaktoren genannt werden, die es auszuschalten gilt. Die geringere Auflösung ist für die Längen- und Höhenmessung ausreichend.

Zur hochgenauen Messung von Oberflächenstrukturen sind lediglich die verschiedenen Verfahren der Rastersondenmikroskopie (SPM) geeignet, da sie die höchsten Auflösungen aller heutigen Messverfahren bieten. Streng genommen fällt das optische Rasternahfeldmikroskop (SNOM) ebenfalls unter die SPM, besitzt jedoch aufgrund der optischen Abtastung Vorzüge bezüglich der rückwirkungsfreien Messung und ist nicht nur auf Metalle beschränkt, hat jedoch geringfügig geringere Auflösungen. Da je nach Materialeigenschaften, wie der Verformbarkeit, verschiedene Verfahrensarten (Rastertunnelmikroskop, Rasterkraftmikroskopie, SNOM, etc.) bevorzugt werden, ist die Flexibilität der einzelnen Verfahren nicht sonderlich hoch. Ebenso ist die Vermessung von Mikrobauteilen aufgrund des geringen Messvolumens bzw. eingeschränkten Messbereiches nicht möglich. Die hohen Auflösungen werden hier nicht benötigt. Eine Implementierung in einen automatisierten Produktionsprozess im Sinne einer In-Line Qualitätssicherung scheint ausgeschlossen, da die Messzeiten sich im Minutenbereich befinden. Dieser Nachteil ist in dem Rastern zu sehen, der bei einer zu schnellen Durchführung mangelhafte Daten liefert. Dennoch ist ein Einsatz außerhalb der Oberflächencharakterisierung bei Kleinserien denkbar.

Rasterelektronenmikroskope werden bereits seit längerem aufgrund der hohen Tiefenschärfe für die manuelle Einschätzung der Qualitätsmerkmale von Mikrobauteilen verwendet [Rön-99]. Sie zeichnen sich durch eine schnelle und rückwirkungsfreie Messung, einer hohen Auflösung und der Flexibilität bezüglich zu messender Strukturen aus und eignen sich somit zur Vermessung und in Grenzen sogar zur Oberflächengütebestimmung durch Bildverarbeitung. Trotz dieser gewichtigen Vorteile bestehen eine Reihe von Rahmenbedingungen, die den Einsatz einschränken. Zunächst ist anzumerken, dass dieses Messverfahren nicht in den Produktionsprozess integriert werden kann. Vielmehr muss der Produktionsprozess in den Messprozess integriert werden, indem alle notwendigen Handlings- und Montagetechniken in einer Vakuumkammer untergebracht werden müssen. Aufgrund dieses Vakuums können z.B. einige der Greifprinzipien, wie Vakuumgreifer oder fluidische Greifer, aber auch Klebetechniken nicht eingesetzt werden [Rön-99]. Zudem können nur leitfähige Materialien betrachtet werden und eine Kantenerkennung ist ebenfalls schwierig. Schließlich erfordert der Einsatz besondere Anforderungen an die Medienversorgung und an eine Bildanalyse. Das REM kann also durchaus Anwendung finden, wenn entsprechende Integrationsanstrengungen erfolgreich sind. Abschließend muss erwähnt werden, dass das REM mit hohen Anschaffungskosten verbunden ist [Rön-99], die durch eine Anpassung weiter ansteigen. Die kürzlich auf dem Markt erschienenen Mikrokoordinatenmessmaschinen (MCMM) können die Vorteile der hohen universellen Einsetzbarkeit und der dreidimensionalen Abtastung der Koordinatenmesstechnik an sich in den Mikrobereich übertragen. Im Bezug auf die erforderlichen Messunsicherheiten und Auflösungen konnte durch die Entwicklung neuer Taster, Aktuatorprinzipien und der besonderen Lagerung aufgeholt werden. Somit ist es möglich, vergleichsweise große Messvolumen dreidimensional zu untersuchen, ohne Abstriche bei der Messgenauigkeit und Auflösung zu machen. Es bleibt jedoch weiterhin das Problem der außerordentlich hohen Messzeiten bestehen, was die MCMM auf Teilprüfungen beschränkt und eine direkte Integration in den Produktionsprozess als schwierig erscheinen lässt. Zudem kann durch die sehr geringen Antastkräfte eine Beschädigung metallischer Messobjekte zwar weitestgehend ausgeschlossen werden, jedoch muss dies bei weichen Materialien nicht der Fall sein. Eine übersichtliche Zusammenfassung der Einschätzung der verschiedenen Messverfahren in Tabellenform ist in Anhang A3 zu finden.

Aus den einzelnen Betrachtungen zu den einzelnen Messtechniken lässt sich schließen, dass die Anforderungen durch einzelne Systeme nur zum Teil erfüllt werden. Im Einzelnen konnten bis auf wenige Ausnahmen keine Angaben zu Messunsicherheiten gemacht werden, da diese neben dem angewandten Messprinzip von der Konstruktion der Messmaschinen abhängen, welche zum Teil noch nicht für eine Mikroproduktion umgerüstet worden sind. Es wird jedoch offensichtlich, dass einige Messmethoden mit ihren Stärken die Schwächen anderer kompensieren können, wodurch die Integration mehrerer unabhängiger Messprinzipien in ein Multi-Sensor-Messsystem den Anforderungen am ehesten Rechnung tragen kann. Insbesondere die geforderten Messunsicherheiten im Subnanometerbereich können durch Multisensorik erfüllt werden [Bos-09]. Die beschriebene MCMM, erfüllt bereits das Kriterium eines Multi-Sensor-Messsystems, da in die Maschine ebenso ein Laserinterferometer und ein 2D-Taster für Oberflächenstrukturen integriert wurden. Um jedoch das volle Potential auszunutzen, müssen nicht nur Messsysteme zusammengeführt werden, sondern auch die Messdatenzusammenführung der verschiedenen Messprozesse erfüllt werden. Dazu müssen die Sensoren miteinander in einem geschlossenen Kreislauf kommunizieren können. Es bietet sich die Anordnung der Sensoren in einem sogenannten kaskadierten Multi-Sensor System an, deren Charakteristika nach [Töp-07] kurz beschrieben werden sollen.

Ein kaskadierentes Multi-Sensor System benutzt verschiedene Messtechniken mit sehr unterschiedlichen Messbereichen und Messauflösungen, wobei intern Messdaten und Prozessinformationen zwischen den Sensoren ausgetauscht werden, so dass z.B. ein hochauflösendes Messverfahren für Bereiche eingesetzt werden kann, die nach einer ersten, groben Messung genauerer Kontrolle bedürfen. Dadurch können sehr effiziente Messungen durchgeführt werden. Als Grundregel sollten sich die Messsensoren der unterschiedlichen Kaskadenstufen deutlich durch Messauflösung und –bereich um etwa den Faktor 10 unterscheiden und auch durch die Dimension der erfassten Daten. Die Messinformationen von niedrigen Kaskadenstufen sollten stets für die zielgerichtete Ausrichtung der Messtechnik höherer Stufen dienen. Der Sensor auf der niedrigsten Stufe sollte ferner in der Lage sein, das komplette Messobjekt in kurzer Zeit erfassen zu können. Schließlich können mehrere Sensoren auch in einer Stufe eingesetzt werden, so dass diese gleichzeitig Messungen vornehmen und sich so ergänzen können. Ein beispielhafter Aufbau eines solchen Systems ist in Abbildung 3.8 veranschaulicht.

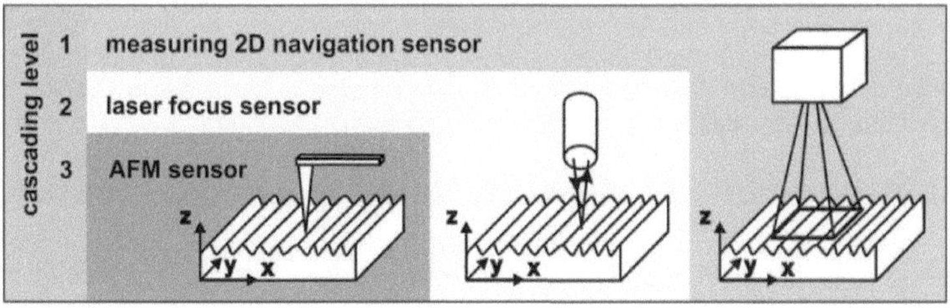


Abbildung 3.8 : Beispielhafter Aufbau eines kaskadierten Systems [Töp-07, S.248]

# 4 Automatisierungstechnik für die Qualitätssicherung von Mikrobauteilen

Die Automatisierung als Hilfsdisziplin in der Fertigung und Montage von Mikrosystemen ist ein entscheidender Faktor, um zum einen Messunsicherheiten durch Reduzierung von störenden Einflüssen und menschlicher Ungenauigkeiten im Prozess entgegen zu wirken und so die Qualität grundsätzlich zu steigern. Zum anderen können nur durch eine Automatisierung die nötigen hohen Taktzeiten erreicht werden, die teilweise notwendig sind, um wirtschaftlich zu sein [Hsu-04]. Für die Qualitätssicherung von Mikrobauteilen werden daher neben weiter vorne genannten messtechnischen Eigenschaften *„Handhabungskonzepte im Umfeld der Messtechnik, inklusiver entsprechender Positioniergenauigkeiten“* gefordert [Spa-01 S.1408]. Im Folgenden werden ausgehend aus den aktuellen Anforderungen an eine automatisierte Qualitätssicherung die nötigen Komponenten eines automatisierten Prüfsystems beschrieben.

## 4.1 Anforderungen an die automatisierte Qualitätssicherung

Allgemein können auch in der Automatisierungstechnik der MST hohe Anforderungen vorzugsweise im Zusammenhang mit dem Handling und der Prozessüberwachung festgestellt werden [Sch-06]. Die Anforderungen an automatisierte Prüfsysteme in der Makro-Welt sind bereits aufgrund der gestiegenen Variabilität und Produktdifferenzierung sehr hoch. Es reicht nicht mehr aus, hochspezialisierte Montage- und Prüfanlagen bereitzustellen, um eine Vollautomatisation zu realisieren, da eine Reihe unterschiedlicher Prüfaufgaben in immer kürzeren Planungsperioden umzusetzen sind. Diese Anforderungen bestehen im gleichen Maß in der MST und erfordern daher Automatisationstechniken, welche die benötigte Flexibilität ermöglichen können. Des Weitern sind automatisierte Prüfsysteme dahingehend zu optimieren, dass sie hinsichtlich Verfügbarkeit, Wartbarkeit, Amortisationszeit und Prozessfähigkeit die hohen Investitionskosten rechtfertigen [Som-08]. Bezogen auf die automatisierte Qualitätssicherung sind diese Anforderung aufgrund der Neuartigkeit und des Erfahrungsmangels als besonders kritisch zu sehen. Bei der vollautomatisierten Mess- und Prüftechnik muss ferner die Fehlersicherheit und Plausibilität der Messergebnisse durch zusätzliche Überwachungsalgorithmen gewährleistet sein, da eine menschliche Überwachung der Prüfmaschinen entfällt [Som-08]. Solche Überwachungen können z.B. an der Kraftmessung bei Greifoperationen ansetzen, welche potentielle Beschädigungen erkennen können, oder eine Bewegungsüberwachung von Handhabungsprozessen beinhalten. Zusätzlich sind neben den oben beschriebenen generellen Anforderungen einige Anforderungen exklusiv bei der Qualitätssicherung von Mikrokomponenten zu beachten. Insbesondere die Handhabung und Förderprozesse sind aufgrund spezieller, störender Effekte anspruchsvoll, weshalb derartige Automatisierungstechnik im Vordergrund nachfolgender Betrachtungen steht. Daneben bestehen ähnliche Probleme bezüglich Auflösung, Genauigkeit und Wiederholpräzession bei den automatisierten Prüfprozessen [Rei-97]. Die Automatisierung bietet trotz all dieser Herausforderungen die Möglichkeit, Produktionskosten zu senken und gleichzeitig die Qualität zu steigern [IPT-10]. Deshalb soll im nun folgenden Kapitel ein aktueller Überblick über die Komponenten einer Automatisation des Qualitätssicherungsprozesses von Mikrobauteilen gegeben werden.

## 4.2 Automatisierungstechnik in der Mikro-Qualitätssicherung

Aufgrund der Tatsache, dass Aufgaben der Qualitätssicherung idealerweise in Form von In-Line Überwachungssystemen in den Montageprozess integriert werden, ist die Automatisierungstechnik für eine Mikro-Qualitätssicherung dem nur einen kleinen Schritt entfernt

[IPT-10]. Eine auf einer automatisierten Qualitätssicherung für Mikrokomponenten beschränkte Sichtweise wird in der Literatur nicht explizit angesprochen. Die Montage umfasst nach DIN 8593 das Fügen, Handhaben, Kontrollieren und Justieren von Komponenten. Um eine Komponente einer automatisierten Prüfung zu unterziehen, sind die letzten drei Funktionen gleichfalls notwendig, wobei das Kontrollieren dann die eigentliche Qualitätssicherung darstellt. Ist eine wünschenswerte In-Line Qualitätssicherung aufgrund einer zu langsamen Prüfgeschwindigkeit, mangelndem Platz oder besonders hohen Anforderungen nicht umsetzbar, muss der Prüfprozess aus dem Produktionsprozess ausgelagert werden. Da in diesem Fall eine 100% Prüfung ausreichende Puffer und mehrere identische Messprozesse benötigen würde, scheint eine Teilprüfung die letzte Möglichkeit zu sein. Durch die regelmäßige Entnahme von Proben kann eine an die Bedürfnisse von Mikrokomponenten angepasste statistische Prozesskontrolle ausreichende Aussagen zu der Prozessfähigkeit und somit zu der Qualität der produzierten Komponenten machen [Lan-08].

Eine akkurate Handhabung ist zur Automatisation notwendig, um die Mikrokomponenten dem eigentlichen Messprozess zugänglich zu machen. Die Handhabung hat die Aufgabe, Komponenten entsprechend der benötigten Position und Lage auszurichten. Sie lässt sich in die für die automatisierte Qualitätssicherung relevanten Bereiche des Ordnens, Zubringens, Positionierens, Spannens und des Einstellens untergliedern [Som-08]. Neben der genauen Handhabung ist die Objekterkennung und Bildverberarbeitung eine weitere Voraussetzung zur Automatisierung. Zur Automatisierung stehen bereits einige unterschiedliche Technologien zur Verfügung, welche im Folgenden mit Schwerpunkt auf die für die Mikrowelt kritischen Bauteile vorgestellt werden sollen. Dazu bietet sich eine Strukturierung des oben beschriebenen Handhabungsprozesses in die allgemeine Systemarchitektur nach [Hue-04] an. Diese Systemarchitektur ist in Abbildung 4.1 im Hinblick auf das Zusammenspiel einzelner Komponenten und der verkettenden Funktion der Prozessüberwachung anschaulich dargestellt.

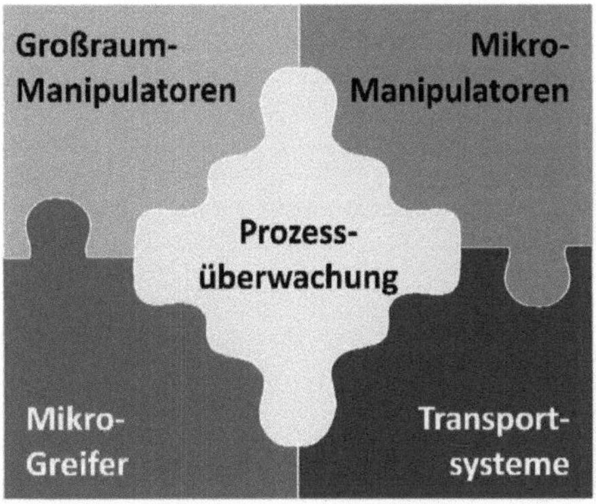


Abbildung 4.1 : Bausteine der Automatisierungstechnik

### 4.2.1 Großraum-Positioniereinheiten

Um Mikrobauteile auch über größere Distanzen zu bewegen, sind oftmals Positionierungseinheiten zur Überbrückung dieser Strecke notwendig [Hue-04]. Das ist insbesondere der Fall, wenn der Messprozess nicht in den Hauptproduktionsprozess untergebracht werden kann, sich aber in dessen unmittelbarer Nähe befindet. Diese Großraum-Positioniereinheiten, wie z.B. ein Montageroboter, ergänzen die zwar sehr genauen, jedoch räumlich auf ca. 100 µm beschränkten Mikro-Manipulatoren in den Bereichen der Distanzüberbrückung, Geschwindigkeit und der Zurverfügungstellung von zusätzlichen Freiheitsgraden [Hue-04].

### 4.2.2 Mikro-Manipulatoren

Mikro-Manipulatoren werden zur hochgenauen Platzierung, Positionierung und Ausrichtung der Mikrobauteile für die anschließende Vermessung benötigt, da die Verfahrbarkeit der Mikroskope und Kamerasysteme im Allgemeinen nicht gegeben ist. Prinzipiell sind zwei Konzepte zu unterscheiden. Zum einen kann die Feinausrichtung durch Stelltische durchgeführt werden, die bereits in ausreichender Positioniergenauigkeit (ca. 1 µm) zu kaufen sind (z.B. PI GmbH) [Cec-07]. Wesentlicher ist jedoch die Ausrichtung mit Hilfe von Mikro-Manipulatoren, die an Großraum-Positioniereinheiten im Sinne einer grob-fein Konfiguration befestigt werden [Hue-04]. Hierdurch wird es möglich insgesamt bis zu sechs Freiheitsgrade zu erhalten, ohne all diese in den kleinen Manipulator unterzubringen. Eine weitere Möglichkeit ist die stationäre Fixierung des Manipulators und die Zuführung der Mikrokomponenten durch die Großraum-Positioniereinheit erledigen zu lassen. Die Mikro-Manipulatoren sollten kompakt sein und eine hohe Auflösung, sowie mindestens drei Freiheitsgrade besitzen, um die hochgenauen Positionierungsvorgänge in kürzester Zeit ausführen zu können [Hue-04]. [Ser-97] berichtet in diesem Zusammenhang sehr früh über die Möglichkeiten einer automatisierten Montage durch Roboter, welche Aufgaben wie Greifen, Transportieren, Positionieren, Freilassen, Anpassen, Fixieren aber auch Inspektionen in einem anbieten können [Fat-98; Pop-04]. Ein besonderer Vorteil besteht in der Flexibilität beim Einsatz von Robotern für die Handhabung, da diese für unterschiedliche, im Zeitverlauf sich ändernde Aufgaben eingesetzt werden können. Diese Roboter müssen durch entsprechende visuelle Sensoren und Kraftrückkopplungen automatisiert werden, um den Menschen als Operator auszuschließen. Für zusätzliche Flexibilität sorgen bereits nach DIN 32565 standardisierte Schnittstellen zwischen Effektor und Manipulator, wodurch das automatische Wechseln von Greifern je nach Handhabungsaufgabe ermöglicht wird. Ein solches Wechselsystem wird von der Firma Schunk bereits angeboten und erlaubt die Integration von Überwachungs- und Inspektionssystemen [SCH-10]. Es ist denkbar, diese Roboter in bereits kommerziell erhältlichen Montagezellen zu integrieren. Mikromontagezellen besitzen meistens Lichtsensoren zur Überwachung des Montagevorganges, sind jedoch auf eine ganz bestimmte Montageaufgabe spezialisiert. Mit Hilfe der Roboter wird es möglich zumindest Teile der Qualitätssicherungsaufgaben in den Montageprozess zu integrieren [Fat-98]. Eine Anordnung mehrerer Roboter zu einem flexiblen, vollautomatisierten Montagesystem mit integrierten Sensoren zur Überwachung und Kontrolle wird von dem Fraunhofer Institut für Produktionstechnik entwickelt [IPT-10]. Bei höheren Qualitätsanforderungen ist die Montage und Inspektion in einer Vakuumkammer und einem Rasterelektronenmikroskop denkbar [Ser-97]. Ein solches System ist kommerziell nicht verfügbar, wird jedoch beispielweise von der Physikalisch-Technischen Bundesanstalt (PTB) erforscht.

### 4.2.3 Mikro-Greifer

Eine der wichtigsten Aufgaben der Handhabung sind „Pick-and-place“ Vorgänge, sowie das Fixieren von Komponenten, um eine sichere automatisierte Inspektion zu gewährleisten [Hsu-04]. Diese Vorgänge werden durch die Einschränkung des Bewegungsspielraumes der Messobjekte mit Hilfe von automatisierten Mikro-Greifern vollzogen. Es ist notwendig, mögliche Greifkräfte und die genaue Position zu überwachen, um eine Beschädigung der empfindlichen Kleinteile zu vermeiden, weshalb Mikro-Greifer mitunter die kritischeren Komponenten eines automatisierten Prüfsystems sind. Die Stellung des Greifers kann durch Bildverarbeitung erfolgen, z.B. mit Hilfe eines auf den Greifer gerichteten Laserstrahls, welcher Auslenkungen feststellt oder aber durch direkte Kraftrückkopplungen [Bli-08]. Voraussetzung bei der Messung von Längen ist, dass die Greifer in den kleinen Raum zwischen Messobjekt und Objektiv passen, ohne Teile zu verdecken oder zu beschädigen [Hue-04]. Um vorab eine Grobpositionierung vorzunehmen, bietet sich das „eye-on-hand“-Prinzip an, bei dem eine Kamera direkt auf dem Greifer montiert wird [Bru-00]. Eine besondere Herausforderung bei der Handhabung von Mikrobauteilen durch Greifer sind adhäsive Kräfte, bestehend aus elektrostatischen Anziehungskräften, Van der Walls Kräfte und Oberflächenspannungen [Bru-00]. Diese Oberflächenkräfte sind im Vergleich zu der Erdanziehungskraft als dominant zu sehen. Sie können dazu führen, dass Mikrokomponenten sich an Greifern festhalten und beim Platzieren sich nur schwer von diesen wieder lösen, was die Positionierungsgenauigkeit enorm beeinträchtigt [Bou-04]. Die restlichen Kraftbeiträge, wie etwa die Oberflächenspannung, müssen z.B. durch das Ausschließen von Luftfeuchtigkeit klein gehalten werden. Um diese Problematik zu umgehen, kann durch die Wahl des richtigen Materials und eine kleine Kontaktfläche des Greifers eine akzeptable Lösung gefunden werden. Konventionelle Möglichkeiten zum Loslösen der Mikrokomponenten in dem Fall, dass die Erdanziehungskräfte nicht ausreichen, umfassen die zusätzliche mechanische Manipulation durch eine Nadel oder ein Abwälzen [Bru-00]. Eine innovative, vom Greifprinzip unabhängige Lösung, wodurch eine Anhaftung des Messobjektes an den Greifer vermieden werden kann, ist die Beschichtung der Greifflächen und oszillierende Anregung der Greiferbacken mit kleinen Amplituden [Wie-08]. Es können eine Reihe unterschiedlicher Greifprinzipien unterschieden werden [Cec-07]. Die naheliegeste Art ist das mechanische Greifen durch Reib- und ggf. Formschluss mit Hilfe von mindestens einer verschiebbaren Backe, ähnlich dem Prinzip einer Pinzette. Mit entsprechender Bildverarbeitung ist sogar ein Greifen von sich langsam bewegenden Teilen experimentell gezeigt worden [Suz-03]. Eine typische Auslegung eines Mikro-Greifers ist in Abbildung 4.2 gegeben.

Abbildung 4.2 : Mikro-Backengreifer [IHK-10]

Um Beschädigungen zu vermeiden müssen die Zustellbewegungen sehr präzise sein, weshalb übliche Elektromotoren keine Verwendung finden können. Es werden daher zum einen piezoelektrische Aktuatoren zum Verstellen der Backen benutzt [Zub-09]. Durch Anlegen einer Spannung wird ihre Form verändert, wodurch eine hochgenaue Bewegung der Backen ermöglicht wird [Ser-97] und selbst Hinweise zu dem Zustand des Greifprozesses können durch eine Widerstandsänderung erkannt werden [Hsu-04]. Eine andere Möglichkeit sind Greifer basierend auf dem „shape memory“ Effekt. Es werden die aus speziellen Legierungen bestehenden Backen durch einen elektrisch initiierten Strom verformt und können beim Abstellen des Stroms ihre Ausgangsposition wieder einnehmen [Cec-07; Ski-03]. Thermomechanische Greifer nutzen dagegen den „bimorph“-Effekt, indem ein Wärmestrom eine Backe erwärmt, so dass diese sich ausdehnt und aufgrund der speziellen Geometrie sich genau in die Richtung der anderen Backe verbiegt [Iva-06]. Für runde Mikrobauteile ist ein Greifer mit drei Backen von Vorteil. Weitere Aktorprinzipien sind elektromagnetische, elektrostatische [Big-

08], magnetostriktive und pneumatische Prinzipien [Hue-04]. Vorteile des Backengreifers sind die universelle Einsetzbarkeit, die jedoch aufgrund der seitlich begrenzten Zugänglichkeit eingeschränkt wird [Gru-04]. Zudem besteht die Zerstörungsgefahr des Greifers und des Messobjektes. Bei elektrostatischen Greifern wird durch eine Elektrode am Greifer das Mikrobauteil angezogen und durch eine Umpolung wieder freigelassen [Hes-07]. Ähnlich können durch magnetische Kräfte bestimmte Bauteile aufgenommen werden. Ebenfalls üblich sind Vakuumgreifer. Alle drei Prinzipien zeichnen sich durch den einfachen Aufbau aus, sind jedoch beschränkt auf gewisse Bauteile und Geometrien und zudem recht störungsanfällig [Gru-00]. Schließlich kann man sich den kapillaren Effekt zu Nutze machen, indem man an einen Greifer einen Tropfen eines Fluides aufträgt, und durch diesen Objekte aufnimmt. Das Ablegen erfolgt entweder durch Verdampfen des Fluides oder durch das Abstoßen mit Hilfe von Druckluft oder einer mechanischen Vorrichtung. Alle Verfahren bis auf die Backengreifer scheinen zur gleichzeitigen Positionierung und Fixierung als ungeeignet, da der Greifer das Sichtfeld nach oben verdeckt. Ferner sind für unterschiedliche Handlingsaufgaben möglicherweise unterschiedliche Greiferarten bzw. –typen notwendig. Deshalb ist die Flexibilisierung mit Hilfe von Greifermodulen anzustreben [Gen-01].

### 4.2.4 Transportsysteme

Transportsysteme zur Zuführung der Mikrokomponenten verlangen immer dort Einsatz, wo längere Strecken überbrückt werden müssen und dies ohne menschliche Eingriffe. Beispielsweise ist es bei einem vom eigentlichen Produktionsprozess ausgegliederten, parallelen Messprozess nicht immer möglich diesen in unmittelbarer räumlicher Nähe des Fertigungs- bzw. Montageprozesses aufzubauen. Hier werden innovative Wege zur Lösung dieser Aufgabe benötigt, die die kleinen Bauteile schonend, vollautomatisch und vor allem trotz adhäsiver Kräfte genau bewegen können. Von dem Fraunhofer IPT werden z.B. Bauteilträger, Magaziniervorrichtungen und Transportbehälter speziell für Mikrobauteile entwickelt [IPT-10]. Eine Möglichkeit zum automatisierten Transport mehrerer Objekte ist der Einsatz pneumatischer, sogenannter „Active Surface Devices“. Zum Bewegen der Objekte wird durch eine mit Düsen in unterschiedlicher Anordnung geschaffene Fläche mit einem pneumatischen Druck versehen [Pop-04]. Das so entstehende Kraftfeld kann durch Verschiebung Objekte bewegen. Aufgrund der Komplexität des Aufbaus ist dieses System jedoch nur für relativ kurze Strecken und nicht für den eigentlichen Transport geeignet. Eine andere Möglichkeit besteht in dem akustischen, elektrostatischen, aerodynamischen oder magnetischen Anregen der Mikrobauteile zum Schweben [Van-05]. Die Vorwärtsbewegung wird dabei üblicherweise durch ein elektrisches Feld übernommen und ist prinzipiell auf eine bestimmte Richtung ausgelegt. Weiterhin kann durch Einsatz sogenannter verteilter Mikrobewegungssysteme ein Transport über relativ lange Strecken theoretisch durchgeführt werden. Bei diesem Prinzip werden reihenweise kleine, einfache Aktuatoren auf einer Ebene angebracht, die durch Kooperation Objekte in verschiedene Richtungen bewegen können [Bru-00]. Diese Aktuatoren sind ähnlich aufgebaut wie Blattfedern und können durch thermische Aktivierung ihre Position ändern. Das Prinzip ist von den menschlichen Atemwegen abgeschaut, wo kleine Härchen durch synchrone Bewegungen Objekte bewegen können. Eine nicht vorhandene Umsetzung lässt darauf schließen, dass auch dieses Prinzip als zu komplex gilt.

### 4.2.5 Komponenten zur Prozessüberwachung

Damit die beschriebenen Technologien zu einem vollautomatisierten Gesamtsystem kombiniert werden können, werden Sensoren und entsprechende Analysesoftware, wie Bildverarbeitungssysteme, zur Steuerung benötigt. Nur durch das Feedback basierend auf visuellen Daten und einer robusten Auswertung dieser, kann eine hochgenaue und fehlerfreie Handhabung zur Automatisierung des Prüfprozesses vorgenommen werden [Bru-00]. Die visuellen Sensoren spielen bei der Automatisierung dabei eine herausragende Rolle, zum einen zur Bewegungskontrolle und zum anderen zur Lokalisierung von Bauteilen [Pop-04]. Die Integration der einzelnen Komponenten und deren Kontrolle stellen sich als eine weitere Herausforderung dar [Old-10]. Es ist teilweise denkbar, die Sensorik für die Kontrolle des Messprozesses und beispielsweise des Montageprozesses zu vereinheitlichen, wodurch eine Reduktion von Komponenten erreicht werden kann. Als Beispiel kann das bereits erwähnte Rasterelektronenmikroskop diese Aufgabenbreite abdecken, aber auch einfache optische Mikroskope und mehrere mit Zoom ausgestattete CCD-Kameras an unterschiedlichen Positionen können für weniger anspruchsvolle Qualitätssicherungsaufgaben übernommen werden [Cec-07]. Zwar kann eine zweidimensionale Bildverarbeitung bereits die nötigen Informationen für eine Handhabung liefern [Sch-06], oftmals ist jedoch das Arbeiten mit dreidimensionalen Bilddaten bei hybriden Mikrosystemen vorteilhaft. Für diese Zwecke eignet sich die bereits vorgestellte Streifenprojektion, da hier nur eine Kamera verwendet wird und nötige Daten schnell zur Verfügung stehen [Hes-06]. Indem die dreidimensionale Streifenprojektion durch die Glasfasertechnologie erweitert wird, können erfolgsversprechende Ergebnisse für die Kontrolle der Handhabungsoperationen konstatiert werden [Sch-06]. In der Regel kann jedoch nicht auf eine speziell für den Handhabungsprozess ausgelegte CCD-Kamerasensorik verzichtet werden, da ggf. eine Objekterkennung noch vor dem Messprozess benötigt wird, wenn es sich um eine flexible Messstation handelt [Cec-07]. Wie bereits angesprochen, kann hier die Anbringung von Glasfasern direkt an Greifer oder an den Wechselkopf einen Teil der notwendigen Bilddaten liefern, um zumindest die Greiferposition in Echtzeit erfassen zu können [SCH-10]. Weitere Sensoren neben bereits genannten sind optische und konfokale Mikroskope sowie Ultraobjektive [Pfe-01].

Nach der Erfassung nötiger Bildsignale und deren Digitalisierung werden diese durch Bildverarbeitungsalgorithmen weiterverarbeitet, welche Verzerrungen und Störungen herauszufiltern, unterschiedliche Objekte identifizieren [Tol-06] und Informationen zu Position und Lage durch den Vergleich mit Produktmodellen liefern [Mar-99]. Durch so gewonnene Sensorinformationen kann ein dynamisches Bezugsmodell aufgebaut werden, welches Grundvoraussetzung für die Planung von Manipulatorbewegungen ist [Old-10]. Die Bildverarbeitung zur Kontrolle der Aktuatoren wird in der Literatur häufig als fehleranfällig beschrieben, was in der Mikro-Welt nicht weniger kritisch ist. Einflussfaktoren, wie Reflektionen, Lichtänderungen und Verdeckungen müssen ausgeschlossen werden, um Komponenten prozesssicher dem Prüfprozess zuführen zu können [Bru-00]. [Wan-04] konnte in diesem Zusammenhang einen Objekterkennungsalgorithmus entwickeln, der robust gegenüber einer teilweisen Verdeckung des Objektes ist. Die Dauer der Bildverarbeitung zur Feedback-Kontrolle muss darüber hinaus verkürzt werden, da bei der Handhabung solch kleiner Komponenten beispielsweise die verspätete Rückmeldung von Positionsangaben bereits das Bauteil durch Fehlstellungen zerstören kann. Hier können u.a. neue Überwachungsalgorithmen helfen, eine Teillösung zu finden. Für eine automatisierte Handhabung sind neben den Funktionen der Bewegungskontrolle durch Bildverarbeitung und Sensor-Rückkopplung, die Kommunikation durch Datenaustausch und eine durch Algorithmen gesteuerte Prozessüberwachung in den Prüfprozess zu integrierten [Hue-04]. Eine Zusammenfassung aktueller Forschungen zu visuellen Sensoren und Objekterkennungsalgorithmen ist in [Cec-07] zu finden.

## 4.3 Umsetzbarkeitsbetrachtung

Im Gegensatz zu den vorgestellten Mess- und Prüftechniken sind die meisten Technologien für eine Automatisierung in der Mikro-Welt bereits im Entwicklungsprozess wesentlich weiter. Dies liegt aus Sicht des Autors an der unumgänglichen Notwendigkeit, Handhabungssysteme in der Montagetechnik zu verwenden, um hybride Mikrosysteme überhaupt herstellen zu können. Im Zusammenhang mit der Qualitätssicherung konnten zwar noch keine Forschungsergebnisse durch Recherchen gefunden werden, jedoch ist der Übergang von teilautomatisierten Montagesystemen zu einer integrierten automatischen Qualitätssicherung aufgrund der gleichen Handhabungsvorgänge als weniger problematisch zu sehen, da gezeigt werden konnte, dass das breite Spektrum an Automatisierungshardware den Anforderungen größtenteils gerecht werden kann. Beispielsweise wurde bereits eine Reihe von Greifern entwickelt, die für eine Mikrohandhabung geeignet sind. Durch die ständige Weiterentwicklung entlang bestehender Trajektorien können hier in Zukunft weitere Potentiale ausgeschöpft werden.

Für die Automatisierung müssen die einzelnen Komponenten schließlich durch eine Integration in ein Zusammenspiel gebracht werden. Die Flexibilität spielt hier eine herausragende Rolle, um die Kosten niedrig zu halten. Es bietet sich folglich an, ganze Komponenten ähnlich der Greifer zu modularisieren [Höh-01]. Hierzu ist neben flexiblen Handlingstechniken eine Prozessüberwachung notwendig [Sch-06], die bei den hauptsächlich angewendeten optischen Sensoren durch eine Bildverarbeitung durchgeführt werden muss. Die Umsetzung der Bildanalyse zur Automatisierung stellt sich jedoch als schwierig und teuer dar [Suz-03], da diese aufgrund ihrer Störungsempfindlichkeit auf komplexe Auswertalgorithmen angewiesen ist, die zurzeit nur in Ansätzen für die Inspektion von Mikrobauteilen entwickelt sind. Als Grund für die im Vergleich zu der Automatisierungshardware unterentwickelten Bildverarbeitung ist die Tatsache zu erwähnen, dass die Prozessüberwachung durch Bildverarbeitung erst nach der Entwicklung entsprechender Hardware erfolgen kann [Bou-04]. Somit hängt die Umsetzbarkeit einer automatisierten Qualitätssicherung entscheidend von dieser Analyse und Auswertung ab, welche als Entwicklungsengpass durch entsprechenden Aufwand zu überwinden ist. Diese Herausforderungen sind grundsächlich dafür, dass Manipulations,- Greif,- und Transportprozesse aber auch Prüfprozesse an sich zurzeit in der Anwendung nur teilautomatisiert vorliegen. Zwar sind automatisierte Mikroskope käuflich erwerbbar, jedoch beschränkt sich die Automatisierung auf die Stelltische zum Positionieren, Abfahren und Rastern von Strukturen. Die automatisierten Montagezellen sind auf hauptsächlich zweidimensionale Strukturen beschränkt, da sie von der Mikroelektronik übernommen wurden. Auch in der wissenschaftlichen Literatur liegt der Fokus noch hauptsächlich auf der Hardware, eine Ansteuerung erfolgt meist manuell oder vereinzelt teilautomatisiert [Pfe-04]. Unter der zur Verfügung stehenden Literatur konnten beispielsweise [Old-10], [Suz-03] und [IPT-10] als die wenigen Arbeiten in der Literatur identifiziert werden, bei denen konkrete Entwicklungsergebnisse im Zusammenhang eines automatisierten Greifprozesses vorliegen und weitere Forschungsbemühungen angestrebt werden. Ferner gehen [Töp-07] auf eine sehr rudimentäre automatisierte Inspektion durch Rasterscans ein, [Sch-06] diskutiert die Bildverarbeitung zur Automatisierung eines beispielhaften Montageprozesses. Andere Arbeiten wie z.B. [Mar-99] und [Rei-97] konzentrieren sich auf Konzeptausarbeitungen zur Automatisierung von Mikromontageprozessen, konkrete Entwicklungen im Sinne von Prototypen liegen jedoch nicht vor. Abschließend lässt sich festhalten, dass die Automatisation gerade für KMU schwierig ist, da sie mit noch sehr hohen Investitionen einhergeht [Wei-10].

# 5 Zusammenfassung und Ausblick

## 5.1 Zusammenfassung

Ausgangspunkt dieser Arbeit ist die Rolle der MST in der heutigen Gesellschaft. Die Bedeutung der MST ist derzeit aufgrund der Anwendungen in der Kfz-Industrie, Medizintechnik und der Informationstechnologiebranche bereits nachweisbar. Aufbauend auf Marktstudien von NEXUS ist die MST zudem als ein zukünftiger Wachstumsmarkt zu sehen, der vor allem KMU die Möglichkeit bietet, sich erfolgreich mit Nischenprodukten am Markt zu behaupten. Dieses Marktpotential gilt es zu erreichen. Bevor dies geschehen kann, müssen allerdings eine Vielzahl unterschiedlicher Herausforderungen überwunden werden, welche von besonderen, störenden Effekten über die Problematik der Messunsicherheit bis zu den hohen zu tätigenden Investitionen reichen.

Aufbauend auf diesen Herausforderungen wurde zur Teillösung bestehender Effizienzprobleme der Schwerpunkt auf eine Qualitätssicherung von Mikrobauteilen gelegt. Hierbei wurden durch Normen- und Literaturrecherchen Anforderungen an die Qualitätssicherung identifiziert und beschrieben. Diese allgemeinen Anforderungen wurden zu einigen Kriterien zusammengefasst, die zu einer groben Einschätzung und Beurteilung von heutigen Messverfahren dienen sollten. Als Hauptkriterien konnten zum einen die Messunsicherheit und die damit zusammenhängende Auflösung, Anforderungen bezüglich einer Medienversorgung, die rückwirkungsfreie Messung, Messzeit, Ausmaße und die Messdimensionen ausfindig gemacht werden. Die Vorauswahl orientierte sich an der Messauflösung, wodurch als potentielle Verfahren die konfokale Mikroskopie, WLI, SNOM, DHM, Streifenprojektion, SPM, REM und die MCMM identifiziert werden konnten. Im nächsten Schritt wurden diese Messverfahren überblickhaft vorgestellt und anschließend wurde eine Umsetzung dieser Verfahren zur Qualitätssicherung von Mikrobauteilen beurteilt. Es wurde festgestellt, dass keines der Verfahren allen Anforderungen auf einmal gerecht werden konnte und jedes Verfahren Vor- und Nachteile hat. Nach [Töp-07] kann nur ein Einsatz mehrerer unterschiedlicher Messverfahren in einem kaskadierten Gesamtsensorsystem zum Ausgleich der jeweiligen Vor- und Nachteile allen Anforderungen gerecht werden. Dies setzt jedoch enorme Integrationsanstrenungen voraus, die bisher nur vereinzelt und in geringem Umfang durchgeführt wurden.

Dieser Aufwand wird zusätzlich durch eine notwendige Automatisierung erhöht. Da durch die Automatisierung die Gestaltung eines In-Line Prüfprozesses möglich wird, wurden ebenfalls Anforderungen einer Automatisierung eines Mikrobauteilprüfprozesses beschrieben. Diese entstehen primär aus den störenden Effekten, die bei der Handhabung zu berücksichtigen sind, und wiederum den kleinen Dimensionen der Mikrobauteile. Diese Anforderungen werden von der Automatisierungstechnik aufgrund der Tatsache, dass in dem Bereich im Bezug auf die Hardware der automatisierten Montage bereits Entwicklungen vorangetrieben wurden, weitestgehend erfüllt. Lediglich die Integration zu einem vollautomatisierten Gesamtsystems und insbesondere die komplizierte computergestützte Auswertung der Bilddaten gestalten sich nach wie vor schwierig.

## 5.2 Ausblick

Wie in der vorliegenden Arbeit aufgezeigt werden konnte, besteht weiterhin Anlass die Forschungstätigkeiten in Richtung der Effizienzsteigerung bei der Produktion von Mikrosystemen voranzutreiben. Dabei spielt die Integration sowohl von einzelnen Prüfverfahren als auch die Integration von Prüfprozessen in Produktionsprozesse aus Sicht des Autors eine Schlüsselrolle. Da in der Messtechnik eine kontinuierliche Verbesserung der Messmaschinen nur auf lange Sicht die Anforderungen an eine moderne Qualitätssicherung von Mikrobauteilen erfüllen kann und mit keinen radikalen Innovationsschüben gerechnet werden kann, muss durch die Zusammenführung aller Möglichkeiten eine leistungsfähige Qualitätssicherung geschaffen werden. Nur hierdurch kann sich die MST in absehbarer Zeit als Schlüsseltechnologie tatsächlich auch behaupten. Die automatisierte Qualitätssicherung während der Produktion ist nur ein Beispiel, wie die Qualität zusätzlich gesteigert werden kann. Es sind hierbei die unterschiedlichen zu integrierenden Prozesse geschickt zu verketten. So wird z.B. von dem Institut für Produktionstechnik in Karlsruhe nach neuen Möglichkeiten geforscht, die durch auf Mikrobauteile abgestimmte innovative Transportverfahren eine automatisierte Qualitätssicherung durch die Verbindung von Teilprozessen ermöglichen. Der in dieser Hinsicht entwickelte Schwingförderer kann durch die Anregung der Transportoberfläche zum Schwingen und durch Überlagerung verschieden ausgerichteter Amplituden Objekte in alle Richtungen und in Kreisbahnen bewegen. Durch eine Modularisierung dieser Transportflächen könnte eine flexible Lösung zum Verbinden von Prozessen geschaffen werden. Abbildung 5.1 gibt ein Beispiel für die Verwendung eines solchen Systems zur Automatisierung verschiedener Prozesse bei unterschiedlichen Prüfstrategien. Die Anordnung der Schwingförderer als Wabenmodule ist jedoch nur eine der denkbaren Szenarien für die Verbindung von Prozessschritten.

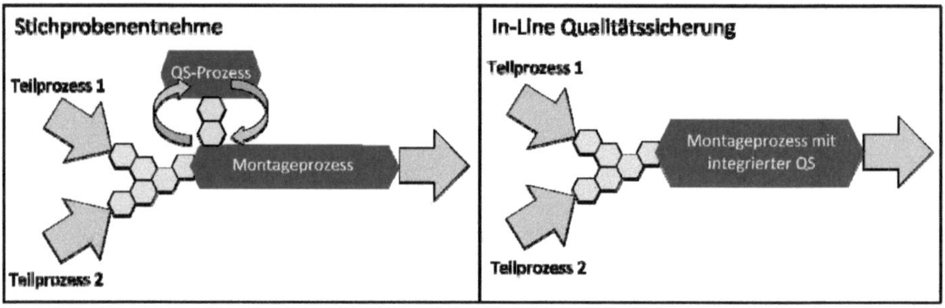


Abbildung 5.1 : Prozessverkettung durch den Einsatz von Schwingförderer

Diese mehrfach genannte Prozessintegration zielt final auf die Schaffung von vollautomatisierten Mikrofabriken aus, die in Zukunft denkbar wären. Ferner besteht Nachholbedarf besonders in der Ausreifung der rechnergestützten Bildverarbeitung, um die durchgängige Automatisation von Prozessen zu ermöglichen, denn die Komponenten zur Automatisation an sich liegen bereits vor. Daneben besteht weiterer Forschungsbedarf bei den am ehesten erfolgsversprechenden Verfahren, wie der Streifenprojektion, der DHM und des REM. Die inkrementelle Weiterentwicklung dieser Verfahren mit Blick auf die Verwendung als Messverfahren in der MST und deren Automatisierung sowie die Integration verschiedener Prüfverfahren kann als einer der entscheidenden Schritte gesehen werden, um die Erfolgsgeschichte der Mikroelektronik in der MST fortzuführen.

# Abbildungsverzeichnis

Abbildung 1.1 : Aufbau der Arbeit 3
Abbildung 2.1 : Begriffshierarchie zur Mikrosystemtechnik 4
Abbildung 2.2 : Marktanteile in der MST 6
Abbildung 2.3 : Diffusionshemmnisse und bewährte Technologien 8
Abbildung 3.1 : Rahmenbedingungen bder MST 12
Abbildung 3.2 : Verhältnis von Toleranz zu Messunsicherheit 13
Abbildung 3.3 : Prinzip der konfokalen Mikroskopie 15
Abbildung 3.4 : Weißlichtinterferenz-Mikroskop und Interferograph 16
Abbildung 3.5 : Prinzip eines SNOM nach 18
Abbildung 3.6 : Aufbau einer Streifenprojektionseinrichtung 19
Abbildung 3.7 : Mikrotaster 21
Abbildung 3.8 : Beispielhafter Aufbau eines kaskadierten Systems 24
Abbildung 4.1 : Bausteine der Automatisierungstechnik 26
Abbildung 4.2 : Mikro-Backengreifer 28
Abbildung 5.1 : Prozessverkettung durch den Einsatz von Schwingförderer 33

# Literaturverzeichnis

[Bia-10] Bias GmbH (2010): Forschungsberichte SFB 747: Qualitätssicherung- und -Management im Mikrobereich; Quelle: http://www.bias.de/SFB747/Members/karbautzki/ubersetzungen/teilprojekte/b/b5-sichere-prozesse/stand-der-forschung/?searchterm=None; vom 23.06.2010, 15.25 Uhr

[Bie-00] Bierhals, R,; Cuhls, K.; Hüntrup, V.; et al.: Mikrosystemtechnik - Wann kommt der Marktdurchbruch?. Physica, Heidelberg 2000, ISBN 3-7908-1250-1

[Big-08] Biganzoli, F.; Fantoni, G. (2008): A self-centering electrostatic microgripper; in: Journal of Manufacturing Systems 27 (2008); S. 136-144

[Bin-86] Binnig, G.; Quate, C.F. (1986): Atomic Force Microscope; in: Physical Review Letters 56 (1986) Nr. 9; S. 930-934

[Bli-08] Blideran, M.M.; Fleischer, M.; Grauvogel, F., et al. (2008): Real-time gripping detection for a mechanically actuated microgripper; in: Microelectronic Engineering 85 (2008); S. 1022–1026

[BMWi-10] Bundesministerium für Wirtschaft und Technologie (2010): Förderung der Mikrosystemtechnik; Quelle: http://www.bmwi.de/BMWi/Navigation/Technologie-und-Innovation/Technologiepolitik/foerderbereiche,did=257698.html; vom 19.05.2010, 18.14 Uhr

[Bos-09] Bosse, H.; Koenders, L.; Schmitt, R. (2009): Roadmap Fertigungsmesstechnik 2020: Von Mikro zu Nano; in: QZ 54 (2009) Heft 7; S. 28-31

[Bot-03] Botthof, A.; Pelka, J. (Hrsg.): Mikrosystemtechnik: Zukunftsszenarien. Springer, Berlin 2003, ISBN 3-540-00156-5

[Bou-04] Bou, D.I.S.; Almansa-Martín, A. (2004): Study on Micro handling and -assembly methods and tools within the project ASSEMIC; in: IEEE International Conference an Industrial Technology (ICIT) (2004); S. 44-49

[Bru-00] Van Brussel, H.; Peirs, J.; Reynaerts, D.; et al. (2000): Assembly of Microsystems; in: Annals of the CIRP 49 (2000) Nr.2; S. 451-472

[Buc-08] Buchholz, I.: Strategien zur Qualitätssicherung mikromechanischer Bauteile mittels multisensorieller Koordinatenmesstechnik. Dissertation, Universität Karlsruhe, 2008.

[Büt-08] Bütefisch, S.; Brand, U.; Büttgenbach, S.; et al. (2008): Tactile metrology for active microsystems; in: Microsystem Technology 14 (2008); S. 1933–1939

[Cec-07] Cecil, J; Powell, D.; Vasquez, D. (2007): Assembly and manipulation of micro devices: A state of the art survey; in: Robotics and Computer-Integrated Manufacturing 23 (2007); S. 580–588

[Den-09] Demtröder, W.: Experimentalphysik Band 2: Elektrizität und Optik. 5. Auflage, Springer, Berlin 2009, ISBN 978-3-540-68210-3

[DIN 10012] Norm DIN EN ISO 10012:2003 März 2004. Messmanagementsysteme - Anforderungen an Messprozesse und Messmittel

[DIN 32937] Norm DIN 32937; Juli 2006. Mess- und Prüfmittelüberwachung – Planen, Verwalten und Einsetzen von Mess- und Prüfmitteln

[DIN 62047] Norm DIN IEC 62047 Teil 4; September 2006. Halbleiterbauelemente – Bauteile der Mikrosystemtechnik

[DIN 9000] Norm DIN EN ISO 9000:2005; Dezember 2005. Qualitätsmanagementsysteme – Grundlagen und Begriffe

[DIN 9001] Norm DIN EN ISO 9001:2008; Dezember 2008. Qualitätsmanagementsysteme – Anforderungen

[Eme-06] Emery, Y. (2006): 3D-Echtzeitaufnahmen mit nm-Genauigkeit; in: Mikroproduktion 3 (2006); S. 56-59

[Fat-98] Fatikow, S.; Benz, M. (1998): A microrobot-based automated micromanipulation station for assembly of microsystems; in: Computers in Industry 36 (1998); S. 155–162

[Fis-96] Fischer, S.K.: Entwicklung eines konfokalen Laserscanning-Mikroskops zum Einsatz in der stereotaktischen Laser-Neurochirurgie. Dissertation, Universität Heidelberg, 1996.

[Fle-04] Fleischer, J.; Spath, D.; Elsner, J. (2004): Integrative quality assurance of microparts using Microfeatures; in: Microsystem Technologies 10 (2004); S. 162–166

[Fle-95] Fleger, S.L.; Heckman, Jr., J.W.; Klomparens, K.L.: Elektronenmikroskopie: Grundlagen, Methoden, Anwendungen. Spektrum Akademischer Verlage, Heidelberg 1995, ISBN 3-86025-341-7

[Gen-01] Gengenbach, U.: Modulares Greifersystem für die Mikromontage; in: Reinhart, G. (Hrsg.): Automatisierte Mikromontage: Werkzeuge und Fügetechnologien für die Mikrosystemtechnik. Herbert Utz Verlag; München 2001

[Ger-06] Gerlach, G.; Dötzel, W.: Einführung in die Mikrosystemtechnik. Hanser, München 2006, ISBN 3-446-22558-7

[Gru-00] Grutzeck, H.: Fluidisches Greifen in der Mikrosystemtechnik. VDI, Düsseldorf 2000, ISBN 3-18-331409-6

[Gut-07] Gutmayr, J. (2007): Blick durchs Nadelöhr; in: fertigung (2007) Heft 9; S. 20-25

[Hei-04] Heimer, T.; Werner, M.: Die Zukunft der Mikrosystemtechnik. Wiley-VCH, Weinheim 2004, ISBN 3-527-31053-3

[Hes-06] Hesselbach, J.; Schöttler, K.; Tutsch, R., et al. (2006): Assembly of Hybrid Microsystems Using an Assembly System with 3D Optical Sensor; in: Annals of the CIRP 55 (2006) Nr.1; S. 1-4

[Hes-07] Hesselbach, J.;Wrege, J.; Raatz, A. (2007): Micro Handling Devices Supported by Electrostatic Forces; in: Annals of the CIRP 56 (2007) Nr.1; S. 45-48

[Hil-06] Hilleringmann, U.: Mikrosystemtechnik: Prozessschritte, Technologien, Anwendungen. B.G. Teubner, Wiesbaden 2006 ISBN 3-8351-0003-3

[Höh-01] Höhn, M.; Jacob, D.: Verfahren und Module für die kosteneffiziente Montage; in: Reinhart, G.: Automatisierte Mikromontage: Werkzeuge und Fügetechnologien für die Mikrosystemtechnik. Herbert Utz Verlag, München 2001, ISBN 3-89675-059-3

[Hsu-04] Hsu, T.-R.: MEMS Packaging. INSPEC, London 2004, ISBN 0-86341-335-8

[Hub-08] Hube, S. (2008): Nanokraftmesstechnik für taktile Sensoren; Quelle: http://www.ptb.de/de/org/5/51/511/3dmikrotaster.htm; vom 24.6.2010, 11.45 Uhr

[IHK-10] Industrie- und Handelskammer Nordschwarzwald (2010); Quelle: http://www.nordschwarzwald.ihk24.de/produktmarken/innovation/innovation/Aktuelles/Mikro_und_Nanotechnologien/index.jsp?pic=10; vom 29.06.2010, 17.16 Uhr

[IPT-10] Fraunhofer-Institut für Produktionstechnologie IPT: Automatisierung von Präzisions- und Mikromontageprozessen; Quelle: http://www.ipt.fraunhofer.de/Images/334_pys_08_tcm234-134363.pdf; vom 20.06.2010, 13.32 Uhr

[Iva-06] Ivanova, K.; Ivanov, T.; Badar, A.; et al. (2006): Thermally driven microgripper as a tool for micro assembly; in: Microelectronic Engineering 83 (2006); S. 1393–1395

[Jäh-05] Jähne, B.: Digitale Bildverarbeitung. 6. Auflag,e Springer, Berlin 2005, ISBN 978-3-540-24999-3

[Kal-07] Kalinin, S.V.; Gruverman, A.: Introduction: Scanning Probe Microscopy Techniques for Electrical and Electromechanical Characterization. In: Kalinin, S.V. (Hrsg.); Gruverman, A. (Hrsg.): Scanning probe microscopy: Electrical and electrochemical phenomena at the at the nanoscale, Vol. 2. Springer, New York 2007.

[Kip-10] Kippenbrock, K. (2010): SFB 499: Teilprojekt C4: Microfeatures Qualitätssicherung; Quelle: http://www.sfb499.de/; vom 29.06.2010, 16.25 Uhr

[KIT-00] Universität Karlsruhe (TH): Sonderforschungsbereich 1814: Entwicklung, Produktion und Qualitätssicherung urgeformter Mikrobauteile aus metallischen und keramischen Werkstoffen. Forschungszentrum Karlsruhe Zentralbibliothek, 2000.

[Klo-06] Klocke, F.; König, W.: Fertigungsverfahren 4: Umformen. 5. Auflage, Springer, Berlin 2006, ISBN 978-3-540-23650-4

[Lan-08] Lanza, G.; Schlipf, M.; Fleischer, J. (2008): Quality assurance for micro manufacturing processes and primary-shaped micro components; in: Microystem Technology 14 (2008); S. 1823-1830

[Lie-02] Lieb, A.M.: Mikroskopie mit Parabolspiegeloptik. Dissertation, Universität Siegen, 2002.

[Mar-99] Mardanov, A.; Seyfried J.; Fatikow, S. (1999): An automated assembly system for a microassembly station; in: Computers in Industry 38 (1999); S. 93–102

[Masing] Pfeifer, T. (Hrsg); Schmitt, R. (Hrsg.): Masing - Handbuch Qualitätsmanagement; Carl Hanser Verlag, München 2007, ISBN 978-3-446-40752-7

[Mes-04] Mescheder, U.: Mikrosystemtechnik: Konzepte und Anwendungen. Teubner, Wiesbaden 2004, ISBN 3-519-16256-3

[Mes-04] Mescheder, U.: Mikrosystemtechnik: Konzepte und Anwendungen. 2.Auflage, B.G. Teubner, Wiesbaden 2004, ISBN 3-519-16256-3

[Mül-04] Müller, J.M. (2004): Winzlinge fest im Griff: Miniatur-Spanntechnik erschließt die Mikrobearbeitung; in: Maschinenmarkt 44 (2004); o.S.

[Nab-00] Naber, A.; Dziomba, T.; Fischer, U.C.; et al. (2000): Photopatterning of a monomolecular dye film by means of scanning near-field optical microscopy; in: Applied Physics 70 (2000); S. 227-230

[Nex-06] Nexus (2006): NEXUS Market Analysis for MEMS and Microsystems III, enablingMNT Industry Reviews; Quelle: http://www.enablingmnt.com/enablingMNT-NEXUS_Press_Release_Dec_2005_Patric_Salomon.pdf; vom 23.6.2010, 16.26 Uhr

[Old-10] Universität Oldenburg (2010): Forschungsgruppe: Automatisierte Nanorobotersysteme: Automatisierung von Mikro- und Nanohandhabungsprozessen; Quelle: http://www.amir.uni-oldenburg.de/37090.html; 20.6.2010, 13.20 Uhr

[Osh-07] Oshikane, Y.M; Kataoka, T.; Okuda, M.; et al. (2007): Observation of nanostructure by scanning near-field optical microscope with small sphere probe; in: Science and Technology of Advanced Materials 8 (2007); S. 181–185

[Ped-05] Pedrotti, F.; Pedrotti, L.; Bausch, W.; et al.: Optik für Ingenieure: Grundlagen. 3.Auflage, Springer, Berlin 2005, ISBN 978-3-540-22813-6

[Pfe-01] Pfeifer, T.; Dussler, G.; Freudenberg, R. (2001): Quality control and process observation for the micro assembly process; in: Measurement 30 (2001); S. 1-18

[Pfe-04] Pfeifer, T.; Driessen, S.; Dussler, G. (2004): Process observation for the assembly of hybrid micro systems; in: Microsystem Technologies 10 (2004); S. 211–218

[Pop-04] Popa, D.O.; Stephanou, H.E. (2004): Micro and Mesoscale Robotic Assembly; in: Journal of Manufacturing Processes 6 (2004) Nr.1; S. 52-71

[PTB-09] N.N.(2009): Mikrotaster für Mikrobauteile: 3D-Strukturen unterhalb von Zehntelmillimetern taktil abtasten; in: QZ (2009) Heft 4; S. 48

[Rei-97] Reinhart, G.; Höhn, M. (1997): Growth into Miniaturization - Flexible Microassembly Automation; in: Annals of the CIRP 46 (1997) Nr.1; S. 7-10

[Rön-99] Rönneberg, G.: Ein passives Fokusverfahren zur Vermessung von Mikrostrukturen. VDI, Düsseldorf 1999, ISBN 3-18-374108-3

[Sam-05] Samara, A.M.: Enhanced dynamic range fringe projection for micro-structure characterization. Dissertation, University of North Carolina, 2005.

[Sch-03] Schneefuß, K.; Pfeifer, T.: Ansätze zur Qualitätssicherung großflächig mikrostrukturierter Oberflächen, in: VDI (Hrsg.): Metrologie in der Mikro- und Nanotechnik, Berichtsband der VDI/VDE-Gesellschaft; Düsseldorf 2003, S.63-71

[Sch-06] Schmitt, R.; Driessen, S.; Engelmann, B. (2006): Controlling the assembly of micro systems by image processing; in: Microsystem Technology 12 (2006); S.640-645

[Sch-09] Schweisinger, N.; Dehne, C.; Adler, F.: Lehrbuch Mikrosystemtechnik: Anwendungen, Grundlagen, Materialien und Herstellung von Mikrosystemen. Oldenburg, München 2009, ISBN 978-3-486-57929-1

[SCH-10] SCHUNK GmbH & Co. KG (2010): Mikro-Handhabung; Quelle: http://www.schunk.com/schunk/schunk_websites/webcms/DE/1290079/381589/381591/405426/index.html?country=INT&lngCode=DE&lngCode2=DE; vom 29.06.2010, 17.11 Uhr

[Sch-10a] Scholz-Reiter, B.; Thamer, H.; Lütjen, M. (2010): Optical Quality Assurance in Micro Production; in: Proceeddings of the International MultiConference of Engineers and Computer Scientists 3 (2010); o.S.

[Sch-10b] Scholz-Reiter, B.; Lütjen, M.; Lübke, K. (2010): Klassifikation von Oberflächenunvollkommenheiten in der Mikrokaltumformung; in: ZWF 105 (2010); S. 42-46

[Ser-00] Fatikow, S.: Mikroroboter und Mikromontage: Aufbau, Steuerung und Planung von flexiblen, mikroroboterbasierten Montagestationen. B.G. Teubner, Stuttgart 2000, ISBN 3-519-06264-X

[Ser-97] Fatikow, S.; R., Ulrich: Microsystem Technology and Microrobotis. Springer, Berlin 1997, ISBN 3-540-60658-0

[Ski-03] Skidmore, G.; Ellis, M.; Geisberger, A. (2003): Parallel assembly of microsystems using Si micro electro mechanical systems; in: Microelectronic Engineering 67–68 (2003); S. 445–452

[Som-08] Sommer, S.: Taschenbuch automatisierte Montage-und Prüfsysteme: Qualitätstechniken zur fehlerfreien Produktion. Hanser, München 2008, ISBN 978-3-446-41466-2

[Spa-01] Spath, D.; Elsner, J.: Große Anforderungen an kleine Teile - Qualitätssicherung in der Mikrosystemtechnik; in QZ 46 (2001) Heft 11; S. 1408-1409

[Suz-03] Suzuki, A.; Mae, Y.; Tanikawa, T.; et al. (2003): Automated Micro Handling; in: Proceedings IEEE International Symposium on Computational Intelligence in Robotics and Automation (2003); S:348-353

[Taa-06] Taatjes, D.J.; Mossman, B.T.: Cell Imaging Techniques: Methods and Protocols. Humana Press, Totowa 2006, ISBN 1-59259-993-1

[The-08] Thelen, R. (2008): Annäherung an einen sub-μ Messfähigkeitsindex für taktil optische Messungen; Quelle: http://www.vdi.de/fileadmin/vdi_de/redakteur_dateien/gma_dateien/FA%203-40_2008-10_Ann%E4herung Messf%E4higkeitsindex f%FCr taktil optische Messungen.pdf; vom 26.6.2010. 17.13 Uhr

[Tol-06] Toledo, G.K.; Kussul, E.; Baidyk, T. (2006): Neural classifier for micro work piece recognition; in: Image and Vision Computing 24 (2006); S. 827–836

[Töp-07] Töpfer, S.C.N.; Nehse, U.; Linß, G. (2007): Automated inspections for dimensional micro- and nanometrology; in: Measurement 40 (2007); S. 243–254

[Tos-09] Toselle, G.; Hansen, H.N.; Gasparin, S. (2009): Applications of dimensional micro metrology to the product and process qualitycontrol in manufacturing of precision polymer micro components; in: Manufacturing Technology 58 (2009); S. 467–472

[Van-05] Vandaele, V.; Lambert, P.; Delchambre, A. (2005): Non-contact handling in microassembly: Acoustical levitation; in: Precision Engineering 29 (2005); S. 491–505

[Wan-04] Wang, H.M.; Zhu, J.Y. (2004): A Precise Visual Control Method for Micromanipulator; in: Annals of the CIRP 53 (2004) Nr.1; S. 17-20

[Wei-10] Von der Weiden, S.; Kippels, D. (2010): Mikroproduktion wächst mit modularen Fertigungsanlagen; in: VDI Nachrichten 14 (2010); S.13

[Whi-03] Whitehouse, D.J.: Handbook of Surface and Nanometrology. Institute of Physics Publishing, Bristol 2003

[Wie-08] Wiedenhöfer, T. (2008): Entwicklung und Aufbau eines Multisensor-Messsystems für die 3D-Messung von Mikrobauteilen. Quelle: http://www.vdi.de/fileadmin/vdi_de/redakteur_dateien/gma_dateien/FA 3-40_2008-10_Entwicklung Multisensorsystem f%FCr 3D-Messung von Mikrobauteilen.pdf #; vom 20.06.2010, 13.27 Uhr

[Wil-03] Wilkening, G.: Ansätze zur Qualitätssicherung großflächig mikrostrukturierter Oberflächen, in: VDI (Hrsg.): Metrologie in der Mikro- und Nanotechnik, Berichtsband der VDI/VDE-Gesellschaft; Düsseldorf 2003, S.21-29

[Zei-08] N.N. (2008): Koordinatenmessgerät F25 prüft im Nanometerbereich; in: Quality Engineering (2008) Heft 5; S. 32

[Zha-05] Zhang, S.: High-resolution, Real-time 3-D Shape Measurement. Dissertation, Stony Brook University, 2005.

[Zub-09] Zubir, M.N.M.; Shirinzadeh, B.; Tian, Y. (2009): A new design of piezoelectric driven compliant-based microgripper for micromanipulation; in: Mechanism and Machine Theory 44 (2009); S. 2248–2264

# Anhang

## A 1: Einrichtungen

| Internationale Einrichtungen der Metrologie* | Internet-Adresse |
|---|---|
| BIPM - Internationales Büro für Maß und Gewicht | http://www.bipm.org/ |
| DKD - Deutscher Kalibrierdienst | http://www.dkd.eu/ |
| EURAMET e.V. - European Association of National Metrology Institutes | http://www.euramet.org/ |
| OIML - International Organization of Legal Metrology | http://www.oiml.org/ |
| WELMEC – European Cooperation in Legal Metrology | http://www.welmec.org/ |
| CERN – European Organization for Nuclear Research | http://public.web.cern.ch/public/ |
| NCSL – National Conference of Standards Laboratories | http://www.ncsli.org/index.cfm |
| IMEKO – International Measurement Confederation | http://www.imeko.org/ |
| COOMET – Euro-Asian Cooperation of National Metrological Institutions | http://www.coomet.org/ |
| *Quelle: http://www.ptb.de/de/links/weltweit/staatsinstitute.html | |

| Deutsche Forschungseinrichtungen* | Internet-Adresse |
|---|---|
| Max-Planck-Gesellschaft | http://www.mpg.de/ |
| Fraunhofer-Gesellschaft | http://www.fraunhofer.de/ |
| Hermann von Helmholtz-Gemeinschaft Deutscher Forschungszentren | http://www.helmholtz.de/ |
| Leibniz-Gesellschaft | http://www.leibniz-gemeinschaft.de/ |
| DPG – Deutsche Physikalische Gesellschaft | http://www.dpg-physik.de/index.html |
| DFG – Deutsche Forschungsgemeinschaft | http://www.dfg.de/index.jsp |
| *Quelle: http://www.ptb.de/de/links/deutschland/forschung.html | |

| Deutsche forschende Universitäten in der MST* | Internet-Adresse |
|---|---|
| KIT – Karlsruher Institut für Technologie | http://www.kit.edu |
| TUM – Technische Universität München | http://portal.mytum.de/welcome |
| Universität Oldenburg | http://www.uni-oldenburg.de |
| TU Illmenau | http://www.tu-ilmenau.de |
| RWTH - Rheinisch-Westfälische Technische Hochschule Aachen | http://www.rwth-aachen.de |
| Universität Bremen | http://www.uni-bremen.de/forschung/sonderforschungsbereiche.html |
| TU Braunschweig | http://www.tu-braunschweig.de |
| *Kein Anspruch auf Vollständigkeit | |

# A 2: Überblick: Qualitätssicherungs- und Messtechnik-Normen

**DIN EN ISO 9000 ff.**

Die Normenserie DIN EN ISO 9000 ff. legt die Grundsteine für ein effektives und umfassendes Qualitätsmanagement. In der Norm DIN EN ISO 9000 wird vor allem die Struktur für die nachfolgenden Normen gelegt, indem z.B. relevante Begriffe definiert und die wichtigsten Konzepte des Qualitätsmanagements beschrieben werden.

Die Anforderungen an ein Qualitätsmanagementsystem sind in der DIN EN ISO 9001 festgehalten. Für den Aspekt der Qualitätssicherung, welcher in dieser Arbeit von primärem Interesse ist, geht diese Normenserie zu weit, da der Hauptfokus auf das Qualitätsmanagementsystem gerichtet ist. Die Anforderungen sind ausdrücklich allgemein gehalten und gelten branchenübergreifend. Spezielle Anforderungen werden z.B. durch Kunden in technischen Spezifikationen oder Vertragsvereinbarungen ausgearbeitet, bei dem die Norm als Grundgerüst verwendet werden kann [DIN 9000]. Die Anforderungen sind als Mindeststandards zu sehen, die Voraussetzung für eine durch Audits erlangte Zertifizierung sind.

In der DIN EN ISO 9004 wird schließlich ein Leitfaden zur Leistungsverbesserung gegeben, der die in [DIN 9001] gestellten Anforderungen im Sinne von Anweisungen vertieft, die dem Unternehmen zu Gute kommen. Diese Anweisungen sind jedoch als Zusatz zu sehen, die die Unternehmen zum Verbessern des Qualitätsmanagementsystems anwenden *sollten*, aber nicht *müssen.*

**DIN IEC 62047-4**

Der Normenentwurf DIN IEC 62047: *Halbleiterbauelemente –Bauteile der MST – Teil 4: Fachgrundspezifikation für Bauteile der Mikrosystemtechnik* konnte als eine der wenigen Normen speziell für die MST ausgemacht werden. Die Norm gibt Fachgrundspezifikationen für Bauteile der MST, wie Klassifikation von Fertigungsverfahren, Anwendungsbereiche, sowie Prüf- und Messtechnik für mechanische, elektrische, optische, thermische und andere Eigenschaften. Auffällig für diese Norm ist die sehr kurze Schilderung des Inhalts mit vielen Verweisen auf Elektronik-Normen. Im Bereich der Qualitätssicherung geht sie hauptsächlich auf Verfahren der Stichprobenprüfung ein, jedoch werden keine allgemeinen Prüfverfahren angesprochen.

**DIN EN ISO 10012**

In der DIN EN ISO 10012 wird ein Messmanagement in Anlehnung an die Struktur der DIN EN ISO 9001 beschrieben. Die allgemeinen Anforderungen zu Qualitätsmanagementsystemen werden hier auf Messprozesse und Messmittel übertragen, dabei wird ebenfalls auf die Leitung, Ressourcen, Dokumentation und Lenkung bzw. Verbesserungen speziell bei Messungen eingegangen. Das Messmanagementsystem hat zur Aufgabe, die Eignung der Messprozesse und darin verwendete Messmittel für die verschiedensten Messaufgaben zu garantieren. Ein wirksames Messmanagementsystem stellt sicher, dass Messmittel und Messprozesse für den beabsichtigten Einsatz geeignet sind, um die geforderten Qualitäten zu erhalten. Dabei steht die Vermeidung falscher Messergebnisse im Zentrum der Anstrengungen, welche durch die in der Norm beschriebene metrologische Bestätigung im Rahmen des Messmanagements unterstützt wird. Eine besondere Stellung hat erneut die Messunsicherheit und die damit zusammenhängende Rückverfolgbarkeit des Messergebnisses.

**DIN 32937**

In der DIN 32937 werden allgemeine Anforderungen an die Mess- bzw. Prüfmittelüberwachung durch die Prüfplanung beschrieben und ist daher für die Betrachtung der Messtechnik und deren Anforderungen von Bedeutung. Nur durch zuverlässige Messergebnisse, kann auch die Produktqualität bestätigt werden. Besondere Betonung wird in diesem Sinne auf die

Messunsicherheit des Prüfprozesses und deren Anforderungen gelegt. Darüber hinaus werden eine Reihe weiterer Anforderungen geschildert, auf die wiederum in Kapitel 3.1 näher eingegangen wird. Darüber hinaus werden Auswahlkriterien für Messmittel beschrieben, die in Kapitel 3.3 mit eine Rolle spielen.

Um die Produktkonformität nachzuweisen gibt die Norm detaillierte Anweisungen zur Umsetzung der Planung eines Prüfprozesses von der Prüfaufgabe über Prüfmittelauswahl, Dokumentationsverwaltung bis hin zur Kontrolle und Wartung der Prüfmittel.

# A 3: Übersicht zur Erfüllung der Anforderungen

Die vorliegende Tabelle dient lediglich einer groben Orientierung und stellt keinen handfesten Vergleich da. Der Vergleich anhand der Kriterien beruht auf subjektiven Einschätzungen des Autors, Produktinformationen von Herstellern und vereinzelt Literatur. Die Tabelle ist zur besseren Übersicht in zwei Teile untergliedert.

**Teil1:**

| | Messunsicherheit [µm] | Anforderungen an Medienversorgung | Typische max. Auflösung [µm] | rückwirkungsfreie Messung |
|---|---|---|---|---|
| Konfokale Mikroskopie [1] | k.A. | gering (Strom, LAN) | 0,002 vertikal<br>0,5 lateral | ja |
| Weisslicht-interferometrische Mikroskopie (WLI) [2] | ca. 0,03 - 1 | gering (Strom, LAN) | 0,005 vertikal*<br>0,37 lateral* | ja |
| Optisches Rasternahfeldmikroskop (SNOM) [3] | k.A. | gering (Strom, LAN) | 0,00016 vertikal<br>0,002 lateral | ja |
| Streifenprojektion [4] | ca. 1,5 | gering (Strom, LAN) | 0,08 vertikal*<br>0,4 lateral* | ja |
| Rastersonden-mikroskopie (SPM, AFM) | k.A. | gering (Strom, LAN) | 0,0001 vertikal*<br>0,001 lateral* | nein |
| Rasterelektronen-Mikroskopie (REM) | k.A. | hoch (Strom, Luft, ggf. Kühlmittel, LAN) | 0,005 vertikal* (Stereo)<br>0,002 lateral* | ja |
| Koordinatenmess-geräte (MCMM) [5] | ca. 0,1 - 0,25 | gering (Strom, LAN) | 0,0075 | nein |
| Digitale Holographische Mikroskopie (DHM) [6] | k.A. | gering (Strom, LAN) | 0,001 vertikal<br>0,3 lateral | ja |
| Konventionelle Lichtmikroskopie [7] | ca. 0,02 | gering (Strom, LAN) | 0,37 lateral* | ja |

**Teil 2:**

| | Typische Messzeit | Ausmaße der Meßtechnik | Flexi-bilität | Mess-dimensionen |
|---|---|---|---|---|
| Konfokale Mikroskopie [1] | 5 - 10 s | mittel | hoch | 2½ D<br>3D (Foto-grammetrie) |
| Weisslicht-interferometrische Mikroskopie (WLI) [2] | 28 µm/s (einige Minuten) | mittel | hoch | 2½ D |
| Optisches Rasternahfeldmikroskop (SNOM) [3] | einige Minuten | mittel | gering | 2½ D |
| Streifenprojektion [4] | gering | klein | hoch | 3D |
| Rastersonden-mikroskopie (SPM, AFM) | einige Minuten | k.A. | gering | 2½ D |
| Rasterelektronen-Mikroskopie (REM) | gering | groß | hoch | 2D<br>3D (Stereo-auswertung) |
| Koordinatenmess-geräte (MCMM) [5] | hoch | groß (1650 x 1450 x 2000) | hoch | 3D |
| Digitale Holographische Mikroskopie (DHM) [6] | < 1 s | klein | mittel | 2½ D |
| Konventionelle Lichtmikroskopie [7] | gering | klein | hoch | 2D |

[1] Quelle: http://www.nanofocus.de/fileadmin/user_upload/download/NanoFocus_usurfexplorerD_081107.pdf
[2] Quelle: http://www.aktiv-verzeichnis.de/anlagen/703/korad3d-dpdf
[3] Quelle: http://www.optoprim.de/html/snom_optisches_nahfeldmikrosko.html
[4] Quelle: http://www.atypon-link.com/OLD/doi/pdf/10.1524/teme.2006.73.11.603?cookieSet=1
[5] Quelle: http://www.zeiss.be/C1256AEA0026812D/EmbedTitelIntern/F25folderduits/$File/F25.pdf; [Büt-08]
[6] Quelle: [Eme-06]
[7] Quelle: http://www.ptb.de/de/publikationen/news/html/news043/artikel/04304.htm
* [VDI-00]